THE MIRACLE OF

世界原来如此

大脑的奇迹

［斯洛文尼亚］ **萨索·杜伦克** 著　　**李江艳** 译

浙江文艺出版社
Zhejiang Literature & Art Publishing House

BRAIN

图书在版编目（CIP）数据

大脑的奇迹 /（斯洛文）萨索·杜伦克著；李江
艳译. —杭州：浙江文艺出版社，2024.8
　　（世界原来如此）
　　ISBN 978-7-5339-7495-4

　　Ⅰ.①大… Ⅱ.①萨… ②李… Ⅲ.①脑科学—
普及读物 Ⅳ.①R338.2-49

中国国家版本馆CIP数据核字（2024）第038649号

版权合同登记号：图字11-2020-032，11-2020-033，11-2020-034

责任编辑 金荣良	**封面设计** 徐然然
责任校对 牟杨茜	**营销编辑** 汪心怡
责任印制 吴春娟	

大脑的奇迹

[斯洛文尼亚] 萨索·杜伦克　著　李江艳　译

出版发行　浙江文艺出版社
地　　址　杭州市环城北路177号
邮　　编　310003
电　　话　0571-85176953（总编办）
　　　　　0571-85152727（市场部）
制　　版　杭州天一图文制作有限公司
印　　刷　浙江超能印业有限公司
开　　本　880毫米×1230毫米　1/32
字　　数　135千字
印　　张　7.75
插　　页　2
版　　次　2024年8月第1版
印　　次　2024年8月第1次印刷
书　　号　ISBN 978-7-5339-7495-4
定　　价　45.00元

目录

大脑的秘密

1

人心的底层

意志力与学习力

社会之人

故事会

大脑的秘密

从不遗忘的人

在生活中的某些时刻，我们都希望拥有更好的记忆力。当我们在结账时想不起来信用卡的密码，或者当我们就是记不住一些重要的电话号码时，大多数人都会认为，如果我们能不必费力地记住许多信息，这个世界应该会变得更好。因此，很难想象谁会为一个完全相反的问题——忘不了任何事情而苦恼。

关于无法遗忘的记忆，最著名的例子是所罗门·V. 舍雷舍夫斯基。他是一名犹太裔记者，20世纪初的时候生活在莫斯科。第一个注意到舍雷舍夫斯基拥有这种罕见能力的人是他供职的那家报社的编辑。这位编辑从未见过舍雷舍夫斯基在每天的工作会议上做过任何笔记，所以这位编辑认为他是一个不可靠的员工。但是，当这个年轻人完整复述了他之前一小时在会上得到的所有信息后，编辑意识到舍雷舍夫斯基拥有一种非常特殊的天赋。

因为舍雷舍夫斯基自己也没有意识到他的记忆力远超常人，于是编辑安排他与苏联神经学家亚历山大·R.鲁利亚见面。鲁利亚当时还很年轻，但很快就成为非常著名的神经学家。第一次见面之后，鲁利亚就被这位年轻记者不寻常的紊乱症状所吸引，在接下来的30年里，他一直定期与舍雷舍夫斯基见面，保持通信，仔细记录着舍雷舍夫斯基奇特的疾病和特殊能力。

没有错觉的鞑靼人

鲁利亚是著名心理学家列夫·维果茨基的弟子。维果茨基是发展心理学社会文化−历史学派的创始人，1934年因为结核病英年早逝了。维果茨基研究了许多学科，其中一项研究涉及语言和文化对儿童成长以及儿童世界观的影响。为了科学地证明他的一些假说，他让鲁利亚前往俄罗斯远东地区研究不识字的鞑靼人的视错觉情况。典型的测试项目包括比较一些简单的图案，其中一个看起来比另一个大，但实际上两者大小完全相同。

鲁利亚对鞑靼人没有错觉这个研究结果感到非常兴奋，他等不及乘坐穿越西伯利亚的长途火车回家，所以提前给维果茨基发了份电报，他报告说："鞑靼人没有错觉。"结果正是这份电报导致他立即被捕。在斯大林时代，如果有人发一份提及所谓"集体错觉"的电报，很可能会付出生命的代价。后来，鲁利亚的研究从神经学转到了发展心理学，并在军队里担任脑外科医生。

无限的记忆容量

除了科学论文之外，鲁利亚还在1965年写了一本面向更广泛读者的有趣的书，他在书中描述了自己与一个过目难忘的记忆紊乱患者的交流，记录了他几十年来试图通过舍雷舍夫斯基的视角观察世界的经历。1968年，哈佛大学出版社出版了他这本著作——《记忆大师的心灵：关于浩瀚记忆的一本小书》的英译本。

在这本书的开头，鲁利亚回忆了他用来测试"S"这名患者的记忆容量的第一组实验，S是他在书中为舍雷舍夫斯基起的代号。实验包括大声朗读长串的数字序列，不管它们的长度如何，S朗读之后总能记住并重复这些序列，甚至能倒背如流。

鲁利亚试图找到尽可能多的测量方式来探测S不同寻常的能力，但他越来越沮丧，因为他根本没办法评估S的全部记忆容量。S不仅能记住鲁利亚最近给出的数字，还能记住一个星期、一个月甚至几年前给出的数字，他的记忆容量几乎是无限的。

鲁利亚在他的书中写道，S竟然在长达15年后还能记住当初的一次测试：

"在这些测试的过程中，S闭着眼睛坐着，停顿一下，然后说道：'是的，是的……有一次我们在你的公寓里……你坐在桌子旁，我坐在摇椅上……你穿着灰色西装，像现在这样看着我……然后现在，我能看到你在说……'说完之后，他就像我之前给他测试那样，再次一口气背出了那串数字。"

完美记忆的不利之处

由于无法测量出S的记忆极限，鲁利亚于是转而关注S的其他问题，尤其是S对世界的独特感知。S有严重的"联觉"，也就是不同感觉印象的融合，例如，看到红色会觉得温暖，看到蓝色会觉得清凉。他某一种感官的刺激会激活他所有其他感官，这常常导致不愉快的体验。例如，在与列夫·维果茨基见面后，S声称维果茨基的声音是"松脆而且是黄颜色的"。

当S走进一家餐厅时，菜单上随便一个词都可能会引起他头脑中混合的味道和气味，使他失去食欲。他不能边吃东西边看报纸，因为食物的实际味道和文字引发的味道会融合在一起，使他忘记自己在读什么。

有一天，当 S 和鲁利亚一起离开研究所时，鲁利亚问他是否还记得路，但是问这个问题显然是忘了 S 是什么人。S 说道：

"好吧，这边走，我怎么可能忘记呢？毕竟，这排栅栏就在这里，它有一种咸味，摸起来很粗糙；此外，它还有一种尖锐、刺耳的声音……"

联觉这种症状听起来似乎能给人带来巨大的快乐，例如，当一个有联觉症状的人阅读一首好诗时，每个词都应该能让他感觉到一种特定的气味、味道、颜色或声音。然而事实并非如此。鲁利亚观察到 S 不怎么欣赏普希金和帕斯捷尔纳克的诗歌。他几乎体会不到隐喻，因为联觉会干预原词，从而妨碍他从原词的含义中衍生出任何其他印象。

学习遗忘

有趣的是，S 记忆中的所有潜在错误都是单纯的感知错误。因为他的记忆是建立在视觉图像基础上的，他会把数字转换成图像，所以当他察看某些图像时，可能会把其中一个放在脑海里某个错误的角落。他这样说道："例如'鸡蛋'这个词就是这种情况，我把它和一面白墙放在一起，结果它就和背景融为一体了。"

有一段时间，S以在马戏团表演为生，在那里向观众展示他对不相关信息的惊人记忆力。就在那时，他突然想到，有时候遗忘或许是件好事。他最关心的事情发生了变化，不再是他能否记住写在那块展示完就会从舞台上拿走的黑板上的长串数字，而是能否防止自己脑海中以前的画面和新演出时的画面混在一起。

S发明了一套擦除和重写黑板上数字的系统，从而解决了这个问题。他先是在脑海中模糊这些数字，接着又用新的数字覆盖它们。然后他会设法在下次演出时把这些数字都擦除干净。S最终意识到他自我暗示的力量是如此强大，以至于可以通过简单地希望某些东西消失而做到遗忘。

苦行僧的力量

在自我暗示的帮助下，S甚至能控制自己的身体机能。他的脉搏通常是每分钟70次，然而仅仅依靠思想的力量，他就能把脉搏变成每分钟100次或60次。当鲁利亚问他怎么做到这样时，S回答说：

"这没什么特别的。我想象自己试图追赶一列刚从车站出发的火车，我至少得追上最后一节车厢才行。那我的心跳加快不是很正常的事情吗？然后我想象自己躺在床上一动不动，试图入睡……我开始打盹……我的呼吸变得平静，我的心跳就变慢了……"

这还不算完。S仅凭思想的力量，就能使一只胳膊的体温升高，而另一只胳膊的体温降低，他还可以用自我暗示来控制疼痛，就像苦行僧一样。当他去看牙医时，他只用想象坐在椅子上的人不是自己而是别人就能不感到疼痛。S说："我只是站在那里，看着'他'在做牙齿手术。是'他'去感受疼痛……你知道，做手术的不是我，而是'他'。我没有感觉到任何疼痛。"不过严谨的鲁利亚说他从未在S身上进行牙科实验。

失去记忆力的人

克莱夫·韦尔林是一位著名的英国音乐理论家，同时也是英国广播公司制片人和合唱团指挥。1985年3月26日，韦尔林出现了难以忍受的头痛症状，这很可能是因为工作太劳累，用脑过度所导致的。他吃了一些止痛药，但没有什么效果，于是就待在家里休息。医生很有把握地告诉他，这只是比较严重的流感，不必太担心。几天后，头痛的症状仍然没有消退。韦尔林没有意识到，可怕的事情就要降临在自己身上。

在他生病的第四天，他的妻子黛博拉下班回家时发现公寓里一片狼藉，韦尔林不见了。她看着眼前的情景十分担心，因为她记得丈夫早上还在发高烧。一名出租车司机发现韦尔林在大街上漫无目的地闲逛，并通知了警方。黛博拉立刻过去把韦尔林送到一家医院，他在那里接受了一系列检查，医生诊断他患有一种严重的病毒性脑病——疱疹性脑炎。

医生开始使用抗病毒药物治疗，但病毒已经严重损害了韦尔林的大脑。由于可怕的病毒感染，他的大部分脑组织已经被破坏，所以从图像上看，他的脑部好像有一大块都不见了。最严重的破坏发生在形成和储存记忆的那部分脑组织。尽管昏迷了很久，韦尔林还是坚强地战胜了如此严重的病毒感染，而且后来身体和精神都完全恢复了，只是永远失去了记忆能力。韦尔林罹患疱疹性脑炎到现在已经过去了30多年，他被认为是有史以来记忆力最糟糕的人。

被困在当下的囚徒

从1985年患病开始，韦尔林的记忆力出现了可怕的变化，每隔几分钟他就会如梦方醒一样，不知自己身在何处。我们大多数人可能都经历过这样一种短暂的不愉快感觉，刚醒来的时候，恍惚中不知道自己身在何处，甚至不知道自己是谁，也不知道发生了什么事。不过这种感觉只是一刹那，几秒钟后，我们通常就能回想起之前发生的事情，以及为什么躺在这张刚才似乎不认识的床上。不幸的是，韦尔林没有记忆的佐证，他一次又一次地发现自己完全迷失在短暂的时间片段里，几分钟后——通常还不到7分钟——他的短暂记忆就被完全抹去了。

令人惊讶的是，他的智力几乎和患病之前一样优秀，他仍然是一个非常聪明而且风趣健谈的人。但1985年患病后发生的一切对他来说始终都是全新的。如果有人把你介绍给韦尔林，他会在几分钟后忘记你是谁，除非他患病以前就认识你。通常，他会不由自主地将这种记忆的缺失理解成那次长时间昏迷的结果，总觉得自己才刚醒来2分钟。日复一日，他都会对在公司里碰到的同事提出同样的问题："我昏迷多久了？"

有一段时间，他经常记日记，但日记里几乎什么也没有写，只有一个准确的时间记录和一条备注："现在我醒了。"自己醒着是一个确凿事实，他通过这个事实意识到自己的存在，所以这也是他认为自己每次"醒来"时必须记录的最重要的信息。当然，他永远也弄不明白为什么日记之前也有一条自己亲手写的备注："现在，我真的醒了。"这是因为这个备注上也包含了当时的时间，是在第二条备注的10分钟之前，而韦尔林记不住10分钟之前的事情，所以他常常认为这些备注都是错误的，便把日记本上的大部分记录都画掉了。有时候他会更正备注上记录的时间，因为他醒着的时候看见的时间和之前备注"现在我醒了"的时间总是不一致的。

韦尔林已经成为好几部纪录片的主角，其中的一些片段可以在互联网上找到。有些片段记录了韦尔林每次见到妻子黛博拉时就会对她表达强烈爱意的场景，让人既惊讶又感动。即使妻子离开房间几分钟后回来，他的反应也好像久别重逢一样。事实上，韦尔林对黛博拉的爱与他患病之前一样，甚至更热烈。

音乐和大脑的童话

就像他对妻子的强烈爱意一样，他的音乐创作能力和患病之前相比也没有改变。在韦尔林失去记忆力后不久，妻子注意到他唱的歌和演奏的音乐远远超过了他短暂记忆可以交流和谈话的范围。对他来说，唱歌和演奏似乎比说话容易得多。唱歌和弹钢琴时，他会完全沉浸在音乐里，这一过程会一直持续到音乐结束的时候，这时大脑控制音乐的机制会切换回控制思维过程和语言表达的机制。在切换过程中，健康的人通常会搜索自己的记忆，想起自己身在何处，在对着谁唱歌。不幸的是，韦尔林不具备这种能力，当音乐结束时，他会感到十分困惑，不知道自己身在何处，什么也想不起来。

在他患病之后与从前合作的合唱团一起排练的录像中，可以看到他全神贯注地指挥合唱团，并指导歌手们何时加入和声。然而，音乐一结束，他的身体突然开始剧烈颤抖，他完全陷入困惑。记忆这时候本来应该帮助他，但他就是无法激活记忆。

尽管韦尔林的大脑严重受伤，但他仍然保持着音乐方面的天赋，这种令人惊讶的现象引起了研究大脑活动的科学家们越来越大的兴趣。著名的神经学家奥利弗·萨克斯专门写了《音乐之恋：音乐和大脑的童话》这本书，详细描述了韦尔林的故事。

20世纪70年代，作为精神科医生的萨克斯成功唤醒了一些处于植物人状态的病人，这可以说是医学史上的伟大成就，他也因此名声大噪。1990年上映的著名电影《无语问苍天》就是根据萨克斯的回忆录改编的，影片中的萨克斯由罗宾·威廉姆斯饰演。此外，萨克斯还在许多其他作品中讲述了他的一些不同寻常的病人的故事，这些故事甚至可以和小说家们的杰作媲美。

他在1985年出版的作品集《把妻子当成帽子的男人》可以很好地展现他的文风：

"他的脸上带着一丝微笑。他似乎认定检查已经结束了，开始四处寻找他的帽子。他伸出手来，抓住妻子的头，想把妻子的头摘下来像帽子一样戴上。很显然，他把妻子错当成了一顶帽子！然而他的妻子似乎并不吃惊，看来这个可怜的女人对这样的事情早已熟视无睹了。"

萨克斯作品中的主角总是那些不能讲述自己故事的人，他们只有在特别清醒的时候才能和他人顺利交流，这也是他们共有的基本特征，在韦尔林身上尤其突出。

每天都是初恋

在病毒摧毁韦尔林的记忆力之后的 6 年里，他大部分时间都待在精神病院里。他变得非常沮丧，尽管他某些方面的身体机能可以说完全健康，但他无法独立生活。日复一日，他都在一间陌生的病房里醒来，身边是陌生的医生和护士，一切都很陌生。就这样过了将近 7 年之后，在他妻子的坚持和劝说下，他被转到一个专门治疗脑损伤病人的乡村小医院。韦尔林到了那里之后立刻感觉好多了。

2005 年，他的妻子黛博拉写了一本名为《永远是今天：失去记忆和真爱不渝的真实故事》的书，讲述了她陪伴丈夫和疾病抗争的经历。黛博拉在书中描述了他们相处时的种种悲欢离合。韦尔林患病时，黛博拉只有 27 岁，尽管最初几年韦尔林的病情对她来说极其艰难，但她还是坚持在没有好转希望的情况下陪伴在丈夫身边。然而，到了 1992 年，黛博拉

34 岁的时候，她意识到自己不能再这样生活下去了，她想开始新的生活，于是决定与丈夫离婚，从伦敦搬到纽约。当然，韦尔林对离婚一无所知，哪怕他知道了，也会在几分钟后彻底忘记。韦尔林在和黛博拉结婚之前有过一段婚姻，还有个儿子。韦尔林的儿子作为他的法定代表人签署了离婚文件。

当然，黛博拉还是会去看望韦尔林，而韦尔林每次见到她都十分开心。由于没有连续的记忆，他只要见到黛博拉就会有初坠爱河一样的强烈感觉。

看得见颜色，却看不见形状

燃气热水器要是出问题是非常危险的。1988年，一个名叫迪伊·弗莱彻的英国妇女就因此遭遇了不幸。当时她在米兰北部一个小村庄新买的房子里洗澡，完全没有意识到致命的气体可能会充满整个浴室。房间的通风效果很差，这导致热水器的氧气供应不足，燃气无法充分燃烧，并开始产生致命的一氧化碳。

这种有毒气体之所以十分致命，是因为它不仅看不见，而且没有任何气味，所以吸入这种气体的人通常什么也不会看到或者闻到，直到最后无可挽回。不幸的弗莱彻正是遭遇了这种情况。她失去了知觉，如果丈夫卡洛没有及时回家的话，她肯定已经死了。卡洛立即把她送往最近的医院，医生保住了她的生命。起初，没有人知道她的大脑缺氧多久，因此也就不知道是否造成了永久性损伤。大脑需要随时供氧，哪怕停止供氧几分钟，脑细胞也会开始死亡。

她不能区分物体，但可以看到细节

当弗莱彻在医院醒来时，医生们很快意识到一氧化碳中毒已经对她的大脑造成了损伤。虽然她能正常地说话，也能听懂别人在说什么，但她再也看不见了。医生的第一个诊断是中毒破坏了大脑中的视觉中枢，但在接下来的几天里，弗莱彻的视力似乎又恢复了。当丈夫卡洛来探望她的时候，她提到卡洛穿着和前一天一样的毛衣。她还知道外面的天空是晴朗的，房间里的花是红色和蓝色的。

然而，当她的母亲从英国来到医院探望时，弗莱彻却认不出自己的母亲。只有听到说话的声音，她才知道母亲在那里。第二天，当她和母亲一起喝咖啡时，更不寻常的事情发生了。整个世界在她眼里无比清晰，她被自己眼前突如其来的清晰感吓了一跳："你知道我奇怪什么吗，妈妈？我竟然可以清楚地看到你手臂上的汗毛！"

听到弗莱彻这么说，母亲高兴极了，她认为女儿的视力很快就能恢复了。然而这种喜悦并没有维持多久。很明显，弗莱彻再也认不出她看到的东西的形状了。即使她能分辨出一件东西的颜色和质地，却不能说出它到底是什么。中毒使弗莱彻失去了一部分视觉功能。她仍然能够看到物体的表面特征，但无法分辨它们的形状。

形状视觉障碍

后来英国神经学家对她的视觉功能障碍进行了研究，发现她对颜色的分辨能力非常出色。她能分辨出每种颜色的细微差别。她还能分辨出一个物体的材质是塑料、木头还是金属，但她仍然不能分辨出物体的形状。当看到电脑屏幕上的两条平行线时，她没有任何问题——她能识别出她看到的图案，但她不能确定这些线是垂直的还是水平的。

弗莱彻的视力之前没有任何问题，她现在的视力也非常好，可以从远处辨认出近视眼看不清的颜色和图案。经过彻底的检查，她除了不能分辨物体的形状之外，其他方面的视力都很好。不管是什么形状，她都认不出来。她的问题不在于无法理解自己所看到的东西，而在于看东西这个视觉过程本身，并不是她的大脑不能识别并解释眼睛看到的东西的形状，而是她根本看不到任何东西的形状。

当医生让她根据记忆画一个苹果时，她可以画得很好，但当他们给她一张苹果的照片让她临摹时，她却只能画出一些难以辨认的素描。在意外发生后的头几年里，她会做噩梦，但和一般的噩梦完全不同，对她来说，噩梦是从她醒来时开始的。当她做梦的时候，她的视力很正常，但当她醒来的时候，她就回到了那个不成形的世界。

医学上将眼功能正常但无法识别物体的症状归为"失认症"。19 世纪末，当时还不太为人所知的神经学家西格蒙得·弗洛伊德首次使用了这个术语，他用这个词来形容那些不能理解自己看到的事物的病人。当然，失认症有许多不同的类型，取决于病人大脑的哪一部分受损。医学文献中描述了许多类型的"概念盲"，其中一些症状十分罕见，例如失音症，患者丧失了识别音乐的能力，即使他们的听力仍然很正常，但他们听不懂音乐也不会唱歌。

弗莱彻的情况是一种视觉形式的失认症。然而，她并不是这种疾病的典型例子。神经学家惊讶地发现她可以很容易地拿起一支铅笔，尽管她不知道铅笔的形状。不管铅笔怎么放在桌子上，也不管它朝着哪个方向，她都能毫不费力地把铅笔拿起来。这意味着她实际上以某种方式感知了铅笔的形状，但自己并没有意识到。如果她完全看不见形状，就不可能这么容易地拿起铅笔了。

人的大脑是否拥有两种独立的视觉机制

当研究人员进一步研究弗莱彻的情况时，他们越来越意识到，她仍然可以对环境做出很好的反应，就像她的视力没有受损一样，但与此同时，她却无法理解她实际看到的那些形状。这到底意味着什么？人类的视觉机制是眼睛将视觉数据通过神经传递给大脑处理，研究人员假设，人类并不只有这一种视觉机制。弗莱彻的失认症清楚地表明，在我们的大脑中存在两个独立的视觉信息分析系统，它们的分工不同，第一个负责协调运动，第二个负责构建外部世界在大脑中的形象。很明显，在弗莱彻的案例中，一氧化碳中毒破坏了她的第二种机制，而第一种机制则继续正常工作。

神经学家梅尔文·古德尔和大卫·米尔纳系统研究了人类大脑处理视觉感知的两个模块的理论，并在他们的著作《看不见的视力：对有意识和无意识视觉的探索》中进行了阐述。这本书还详细描述了迪伊·弗莱彻的情况，他们在意外发生后对她进行了多次检查和测试。他们还讨论了一些和弗莱彻情况相反的症状。在某些情况下，患者可能可以识别形状，但不能识别颜色，然而这并不等同于色盲，色盲是眼睛的颜色接收器受损，属于器官性病变。这些病人能够毫不费力地通过各种色盲测试，因为他们能够区分两种不同颜色的边界，这是典型的色盲患者做不到的，但是他们仍然不能分辨自己看到的是哪种颜色。例如，医生让这些患者画一根香蕉时，他们很可能会画成红色或绿色，而不是黄色。

意外发生15年后，古德尔和米尔纳去弗莱彻家里拜访她。他们说，当弗莱彻来开门的时候，根本看不出她的视力有任何问题。她可以毫不费力地在屋子里走来走去，到厨房做饭，甚至在花园里干活。第二天，当他们一起出门散步时，她似乎可以很轻松地沿着林间小路散步，只需要偶尔帮助她保持正确的路线。

尽管弗莱彻的视觉失认症一直没有好转，但由于协调运动的视觉机制没有受损，她还是能比较正常地生活。她现在可以通过服饰、皮肤和头发的颜色来区分不同的人，应对生活的能力比意外刚发生之后要强很多。

大脑：老练的侦探

　　德裔爱沙尼亚生物学雅克布·范·尤克斯库尔已经去世半个多世纪了，他作为哲学家可能比自然科学家更出名。尤克斯库尔感兴趣的是不同的生物在主观上如何体验自己和周围的环境。为了描述每一种动物的具体体验，他引入了一个德语词"Umwelt"，意思是"客观世界"，这个词后来成了一个在许多语言中都不用翻译的国际通用术语。

　　在研究中，尤克斯库尔令人惊讶地选择了蜱虫作为主要的实验对象。根据当时掌握的关于这种相当危险的生物的生理知识，人们认为蜱虫生活在一个极其简单的世界里。但是在今天，我们知道即使对蜱虫来说，世界也没那么简单，不过这对于理解客观世界的原则来说并不是重点。

蜱虫的世界

尤克斯库尔认为蜱虫是一个非常简单的主观世界形象的绝佳例子，因为这种生物只使用三种信号来定义它周围的环境，并以此来确定自己的位置，这三种信号分别是感光信号、嗅觉信号和触觉信号。蜱虫没有眼睛，但它的皮肤具有感光性，会引导它向光源移动。这使得蜱虫能够从地面爬到它需要的高度，比如爬到草叶的顶部，它会在那里抓住草叶，等待宿主，并在后者身上吸血为生。

蜱虫又聋又盲，只能依靠嗅觉来发现猎物。哺乳动物的皮肤腺体会散发出一种特殊的气味，包括丁酸的臭味，可以激活蜱虫有限的感官。"哺乳动物的气味"，或者更确切地说，产生这种气味的化合物，会随着汗水释放出来，一旦闻到这种气味，蜱虫就会视之为立刻放开草叶的信号，它希望自己能落在从这里经过的动物身上。如果它成功了，剩下的事情就是跟随它自己的热感应到达宿主身体上某个可以轻松吸血的地方。

根据尤克斯库尔的说法，每一个生物都有自己特定的客观世界，它源于其自身的实际感知和生物特征。对于所有生物来说，并不存在一个统一的客观世界，而是有许多不同的世界。尽管如此，我们仍然坚信人类对世界的印象是通用的，也是必然的，可能还是地球上最复杂的，然而尤克斯库尔的研究却证明了这种被我们视为理所当然的假设其实是错误的。

如何感知一个特定对象很大程度上取决于特定的主体，或者说取决于特定的感知者。每一种动物都有一定的能力来辨别周围的刺激，这种有限的能力是它们建立对世界的印象的基础，人类也是如此。

只有具备视觉，也就是有眼睛的生物才能区分它们周围的视觉空间和触觉空间，而没有视觉的动物就不能区分这两种感觉。在视觉空间中，物体的大小会随着距离的变化而变化，但在触觉空间，它是不变的，只有有眼睛的生物才能感知到这种不一样。

尤克斯库尔对时间的理解也很有趣。他将每个生物的基本时间单位定义为其主观世界中零变化的最长间隔。对于人类来说，这大约是1/18秒，也就是我们的感官能感知到外界变化的最短间隔。正是由于这一点，我们可以在电影屏幕上看到一种同质的连续视觉流，而不是成千上万张图片一张接一张的投影。

根据尤克斯库尔的研究，蜱虫的基本时间间隔更长，这是因为它的感官需要更长的时间来感知外界变化。如果附近没有哺乳动物的气味，蜱虫对世界的主观表征就会保持静止，这意味着时间对它来说并没有流动，时间间隔会持续到它的感官通道接收到外界信号为止。尤克斯库尔承认这个关于时间的概念可能过于简单，但他会继续使用这一概念来清晰地展示他的理论。

蜱虫的主观世界可以很好地引导我们了解人类对世界的感知。詹姆斯·斯通在他的著作《视觉与大脑：我们如何感知世界》（麻省理工学院出版社，2012年出版）中提醒我们，我们持续感知环境的感觉实际上是我们的大脑制造的一种幻觉。我们并不会一直观看周围的世界；恰恰相反，我们只是感受到一种持续的感觉，觉得自己一直在观看。

如果我们真的能看到我们的眼睛在某一特定时刻感知到的东西，那么我们对世界的印象将变得非常混乱。根据斯通的说法，当我们走路时，大部分时间都处于功能性失明的状态，然而我们并没有意识到这一点。我们只是通过短暂地关注周围的细节来保持"看到"状态，同时我们的大脑会连续不断地呈现我们所处的环境。实际上，在任何特定的时刻，我们都只能清楚地看到视野中很小一部分景象。我们之所以没有注意到这一点，是因为大脑一直在用我们已经掌握的关于周围环境的数据来填补我们看到的景象中缺失的信息。

人类的视网膜含有能将光信号转化为电信号的感觉细胞，

一共有多达 1.26 亿个这样的视觉感受器。每个感受器对射入光线的感知都不一样，但都会产生相应的视觉信号。然而，将视觉信号传输到大脑的视神经只能实现 100 万个连接，这意味着视网膜收集到的所有信息中只有不到 1% 会到达大脑。

眼睛的起源

尽管如此，眼睛传递的这不到 1% 的信息已经足以让大脑构建出描述我们周围环境的适当图像。视网膜收集到的许多信息都是重复或多余的，这个过程类似于数码相机上的图片文件可以在不显著降低照片质量的情况下减少大量像素。

事实上，我们的视网膜反映出的外部世界的图像充满了错误和混乱，仍然缺乏我们理解外部世界所需的大量信息。因此，大脑必须填补由此产生的空白，以防止我们对外部世界的感知好像是一个关键部分缺失的巨大拼图。如果大脑的视觉处理系统如实反映我们眼睛真正看到的东西，那我们的视觉将变得非常模糊，会出现许多灰色区域。因为我们周围的环境通常不会每天都发生巨大的变化，所以大脑可以依靠记忆和之前的经验来填补我们对外部世界视觉理解的空白。

当我们睁眼观看时，大脑会努力工作，以确定哪些对象应该引发我们的感觉细胞产生怎样的反应。斯通认为，我们的大脑就像一位老练的侦探，试图追踪杀死受害者的连环杀手——也就是找出视网膜接收到的外部世界"未经大脑编辑"的图像。根据接收到的视觉信号，大脑会不断地分析各种不同的可能性，并根据分析结果触发正确的感官反应。我们最后看到的图像其实是大脑已经消除了一些基于经验的假设之后的结果。

虽然地球上生命的历史已经长达38亿年之久，但在大部分时间里，地球生物都是没有眼睛的。第一只结构简单的眼睛出现在大约5.4亿年前的寒武纪生命大爆发时期，当时突然出现了许多不同的生命形式。

在捕食者和猎物之间为了生存而进行的自然竞争中，眼睛的发展达到了顶峰。当猎物试图发展出更有效的方法来躲避天敌时，捕食者就必须

Wirestock 供图

发展出更有效的视力来看穿猎物日益复杂的伪装，正是这样的竞争导致了空间视觉的进化。生命进化出各种高度有效的方法来感知环境中的每一个细节，包括最微小的环境变化。因为我们现在可以从动物世界中观察到许多不同形态的眼睛，所以科学家们相信眼睛在生命进化的历史过程中发生过不止一次的不同方向的发展。

脑海中的时空之旅

毫无疑问，人类与所有曾经居住在地球上的其他生物有着显著的不同。在数千年的指数级增长中，我们创造出了一种复杂的文明，使高效的全球合作和快速的思想交流成为可能。但我们取得这样的进步应该归功于什么呢？又是怎样的本质特征使我们成为地球上最成功的物种呢？大多数专家倾向于将这种成功归因于我们的推理和口头交流能力，但这些仍然是非常抽象的答案，只是对这种状态进行了描述，并没有解释真正导致这种状态的原因。

澳大利亚昆士兰大学的心理学家托马斯·萨顿多夫是研究灵长目动物的专家，他在2013年出版的《鸿沟：人类何以区别于动物》一书中概述了关于人类与其他生物之间的区别的现代科学理论，并提出了许多新颖的观点。其中最令人惊讶的是他对自己研究的总结——我们之所以与众不同，是因为我们拥有穿越时空的能力。

体验不同的场景

萨顿多夫所说的穿越时空并不是科幻小说里的时间机器。他的看法是人类拥有一种独特的能力，可以对不是此时此地发生的场景用想象的方式达到身临其境的效果，可以思考任何已经发生、将要发生或永远不会发生的事件。他认为人类与其他动物的最大区别就是人类可以在脑海中穿越时空，可以通过想象体验各种并不一定真实存在的场景。

在脑海中穿越时空可以说是一种神游，相对来说，比穿越时空更重要的是体验各种不同场景的能力。思考如果我们在与当下不同的场景下会发生什么，制定好特定场景下的最佳行动方案，这对我们提前为危险做好准备很有帮助，使我们有可能完全避免危险。

能够在脑海中穿越时空也是一种很好的学习方式，因为这使我们能够在新的环境中测试自己，并提前为潜在的麻烦和困难做好准备。这种对不同场景的测试是一种心理实验，它可以让我们看到，如果我们选择其中一种可能性将会发生什么事情。由于我们能够在一个特定场景真正出现之前就将它展开，因此我们可以比较有把握地预测我们行为的结果。

甚至可以这么说，我们在一定程度上是随心所欲的，因为我们可以在脑海中模拟各种不同的场景。

即使是与人类最相似的动物也不能提前考虑十分钟以后的事情，这就是因为它们没有思考不同场景的能力。有些动物看起来也会为自己未来的利益而提前计划，但这些行为要么源于本能，要么是它们后天养成的习惯。人类在这方面不一样。我们能够想象现实中实际发生的事情的不同版本，而且可以分享我们对各种不同场景的体验。

根据萨顿多夫的说法，重温过去和想象未来都是人类预先设定好的默认思维模式。我们穿越时空的体验似乎比我们切实生活在当下更多。完全专注于当下和我们眼前的环境需要特别的专注力和意志力，否则我们的思想就会持续迷失在过去和未来之中。

然而，我们穿越时空的能力并不十分可靠。我们对未来的预测并不总是完全正确的，记忆往往会捉弄我们。正如萨顿多夫提醒我们的那样，仅凭我们体验非真实场景的能力并不足以解释人类这一物种进化的成功。至少还有另一个本质上的特征能帮助我们提升穿越时空的能力，那就是我们可以与他人分享和比较对过去和未来的看法。

如果一个人关于未来事件场景的想象被证明不可靠，那么其他人可以通过讨论这个人想象的优点和缺点来提高预测未来的准确性。人们通过口头交流和文字记录来收集知识并代代相传。这些逐渐发展的记录为人类更准确地预测未来可能发生的事件提供了坚实的基础。

动物和人类之间的本质差距

编故事、讲故事、分享故事并将其与他人的故事相结合是人类独有的特征。在群体中分享个人经验以及同步价值观、道德规范和期望的一个很有效的方式就是讲故事。通过这种方式，个人所做的事情变得更有社会意义，也加强了人们之间的联系。

与其他灵长目动物的幼崽相比，人类儿童的成长过程要长得多，而儿童听到和讲述的故事在这一过程中起着至关重要的作用。故事可以让儿童了解到他们自己没有体验过、未来也不一定会体验到的环境和人际关系，从而为他们成年后的生活做好更充分的准备。

萨顿多夫发现了人类区别于动物的两个关键特征：第一，人类能够想象从未发生过的场景和永远不会发生的场景；第二，人类能够与拥有同样能力的其他人分享这些想象。根据他的研究，在几千代以前，人类和动物之间的差异要比现在小得多。大约 4 万年前，人类曾与尼安德特人杂居在一起，尼安德特人是一种极其发达的灵长目动物，但他们后来还是灭绝了。我们目前还不知道尼安德特人灭绝的原因，也不知道他们灭绝的过程，但许多学者认为很可能是智人也就是我们的直系祖先导致尼安德特人从地球上消失。这是由于直接冲突、有意消灭、气候变化、疾病还是什么其他原因，我们不得而知。无论如何，事实是在这个星球上曾经出现过的 17 种人属物种中已经灭绝了 16 种，只有智人，也就是我们一直存续到现在。

在所有现存的人类近亲中，黑猩猩在基因上与人类最接近，大约 600 万年前，我们和黑猩猩拥有同一个祖先。其次是大猩猩，我们和它们在大约 900 万年前拥有同一个祖先。在大约 1400 万年前，我们和猩猩拥有同一个祖先。还有一个非常有趣的现象，我们与黑猩猩的关系是双向的，因为人类在基因上比大猩猩更接近黑猩猩。

我们正在进一步拉大动物与人类之间的差距，因为所有与我们关系亲近的动物亲属都处于濒危状态。萨顿多夫警告说，我们就是造成这种情况的主要原因。在某些情况下，人类的猎杀促使它们走向灭绝，但最主要的原因是肆意破坏它们的自然栖息地。

我们到底是如何观察的

在第二次世界大战期间，英国的雷达观测员必须分辨出屏幕上越来越近的小点是前来突袭的德国轰炸机，还是返航的英国皇家空军飞机，这是一个生死攸关的问题。事实证明，有些人在这方面非常有天赋，他们可以相当准确地分辨出二者之间的区别，但具备这种洞察力的人少之又少。因此，英国当局迅速组织了培训课程，让这些能力超群的雷达观测员担任教练，把他们的知识传授给其他人。但人们很快发现，他们无法用语言准确地表达出德国飞机和英国飞机之间的区别。

由于这种传统的学校教学模式不起作用，当局决定尝试一种更简单的培训方法。学员们自己观测雷达上显示的小点，直接猜测是德国飞机还是英国飞机，然后教练会判断他们的猜测是否正确。事实证明这是一种成功的传授技巧的方法，因为不少学员也能越来越准确地识别，然而无论是教练还是学员，还是没有人能说出德国飞机和英国飞机在雷达上显示出的小点到底有什么区别。

大脑：预测机器

雷达观测员的实验似乎证明区分几乎相同的事物的能力可以通过学习获得，但不是通过语言交流的方式。与这个案例类似的事情发生在家禽养殖场，工人们必须学会分辨不同性别的小鸡。可以孵蛋的母鸡比公鸡饲养时间更长，因此母鸡在刚孵出来的时候就会被挑出来。但分辨小鸡的性别可不是一件容易的事情，因为它们在长到一个月之后才会出现外观上的差异，在这之前看起来几乎都一样。日本人被认为是这个领域的先驱，他们成功地培养出一组专家，只需看一眼小鸡就能判断它是公鸡还是母鸡。20世纪30年代，来自世界各地的学员纷纷前往日本的农场参观，学习如何区分小鸡的性别，因为这不是一项可以从书本上学到的技能。

大卫·伊格曼2011年出版的《隐藏的自我：大脑的秘密生活》一书中就提到了这两个案例。伊格曼试图证明，大脑和照相机完全不一样，大脑的工作机制绝不是通过感官记录世界，然后在脑海中创造出一个外部世界的形象。一些神经学家很早就注意到，大脑不像照相机，而更像一个算命先生，也可以描述为一种机器，它能建立一个周围世界的模型，然后通过感官来检验。这个模型是一种预测系统，大脑会通过感官接收到的环境信息来证实模型的预测是否正确。当预测和感官提供的证据之间出现差异时，大脑就会对模型进行相应的调整，以便在未来的预测中表现得更准确。

因此，理解世界不仅仅是像拍照、拍视频那样将外界信号被动地转化为脑海中的图像，更重要的是将我们过去的经验和知识与现在的感觉主动综合在一起。所谓"观察"并不是指打开窗户向外看；相反，观察涉及的是一个人在脑海中创造一个概念，并试图确定这个概念是否会被他当时的感官证据所证实或推翻。

一些计算机程序能够识别印刷文本的扫描件或照片中的字母，这种识别技术可以将图像转换为可编辑的文字。最早研究哺乳动物感知世界的方式的现代科学家们发现，当我们分析和解释我们眼中所看到的东西时，我们大脑视觉中枢的工作方式与计算机程序很相似。大量突破性的研究证实，大脑首先是识别特定区域之间的边界，然后继续识别单个图形元素和具体物体，在识别人脸时，大脑会进行最细节化的工作。

1966年，斯蒂芬·库夫勒在哈佛大学创立了神经生物学系，并一直致力结合心理学、生物化学和解剖学的研究成果来研究大脑。他的团队很快迎来了第一个重要发现——负责将视觉信息从眼睛传输到大脑的神经细胞从不睡觉。即使在完全黑暗的情况下，它们也会持续传输信息。信号的发送有时候非常稳定，有时候又很不稳定。库夫勒发现，当整个视觉神经细胞系统中只有很少一部分受到刺激时，这些信号就会处于最不规则的状态。更重要的是，他还发现这些作为"视觉传感器"的神经细胞根本不发出是否探测到光的信号，它们记录并报告的是关于光的强度变化的信号。

大脑获得的是视野中浅色区域和深色区域边界的信息。如果一个区域的亮度均匀，眼睛的神经细胞就不会传递信号，它们只会对光线强度有变化的区域做出反应。因此，我们观察到的实际上是对比，视觉细胞并不是被动地记录接收到的光线然后将其转化为脑海中的图像，这就是人类的眼睛与照相机不一样的原因。视觉细胞不仅仅接收光信号，它们更重要的职能是对光的强度和特征的变化做出反应。我们最好将每个视觉细胞都想象成一个微处理器，而不是一个屏幕的组成部分。

每一种生物看到的都是自己眼中的世界

大卫·胡贝尔和托斯滕·威塞尔在这方面进行了更深入的研究，他们发现，当光线的对比和变化的信息从眼睛发送到大脑时，这些信息在传输过程中会被进一步编辑。如果信息中存在特定的模式或特征，相应的特定神经元就会被激活。例如，当我们的眼睛感知到一束光沿着一定的坡度移动时，一组神经元就会相应地做出反应。因为我们是通过识别浅色和深色区域的边界来感知物体并定义物体的形状，所以当一个物体的明暗边界符合我们已经看到并且认识的东西时，我们就可以识别出它的形状。这可以让我们从非写实风格的绘画中识别出一些形象，例如毕加索画的人脸极度抽象，但我们也能辨别。

毕加索名画《格尔尼卡》

我们的感知是大脑对周围环境进行预测的结果。这些预测基于对先前经验和感官提供的实时数据的持续比较。如果我们现在看到的事物和过去看到的不匹配，大脑就会相应地改变它的模型。

早在 1909 年，生物学家雅克布·范·尤克斯库尔就提出，不同种类的动物对共享的生态系统会有完全不同的感知。有些物种的感知完全依赖眼睛，有些则是盲的，有些依赖温度变化，还有一些主要依赖嗅觉，等等。因此，每一种动物都会根据其主要感官所能理解的信息，以自己的方式来定义所处环境中最重要的因素。根据这一理论，每一个物种，甚至每一个生物个体，都拥有一个尤克斯库尔所说的"客观世界"，它们通过各自独特的感知世界的模式形成各自的环境模型。就任何一种生物而言，这个模型就是它所存在的世界，因此蜱虫的"客观世界"与棕熊的"客观世界"完全不同。

我们所感知到的现实并不是大脑被动地记录和储存下来的静态数据，而是大脑不断地主动重新创造的结果。当然，这并不是说现实就是某种虚构的东西，或者某种没有任何实际基础的幻觉。任何生物个体感知到的现实都是由各自的外部环境模型和感官接收到的数据主动综合在一起而形成的。模型不断进行预测，并将这些预测与当前感官接收到的信息不断对比。

　　安东综合征也被称为安东盲目症，是一种非常奇怪的疾病，会导致患者在中风或脑损伤后失明。奇怪的地方在于患者并不知道自己失明了，而且常常会否认自己失明。这些患者在神经生物学方面到底发生了什么事情目前尚不清楚，但根据科学家的研究和分析，他们的大脑在停止接收来自眼睛的视觉信号之后仍然在对外部世界进行预测，也就是说，模型在继续预测，但对比和综合却无法完成。安东综合征患者一开始通常不会意识到自己的视觉出了问题，直到他们开始在陌生的房间里撞墙或在不熟悉的障碍上绊倒，他们才会发现自己无法接收到视觉信号来更新大脑里的模型。

大脑的可塑性

　　长期以来，科研人员一直相信，大脑一旦完全发育成熟，就不会再产生任何变化。他们认为只有发育中的大脑才具备可塑性，所谓可塑性就是我们通常所说的适应能力的专业表述。人们普遍认为，随着时间的推移，大脑会逐渐丧失这种可塑性。然而，有研究表明这一理论并不完全正确。

猴子大脑的映射图谱

　　20世纪初，当科学家们第一次详细研究大脑的哪些区域分别控制身体哪个部位的运动时，他们发现在不同的猴子身上得到的测试结果也会不同。科学家们最初认为这种差异可能是实验不够精确导致的，但事实很快证明，尽管确定大脑功能的映射图谱绝非一项简单的任务，但不同个体测试结果也会不同这个令人费解的现象并不是因为研究的方式方法存在错误。

科研人员想要确定猴子身体各部分的运动分别是由大脑的哪个部位来控制的。为此，他们逐个测试猴子大脑的每一个区域，有条不紊地刺激每个区域的特定点，并记录同时发生的肢体运动。例如，通过刺激大脑上一个特定的点，他们触发了手指的运动，而刺激另一个特定的点则会使整只手动起来。但是在这种类似脑外科手术般的机械刺激实验中，我们很难不去换位思考，站在猴子的角度上考虑它们的感受。由于脑组织对疼痛不敏感，实验过程对动物来说应该并不痛苦，但也绝不是什么舒服的事情。

后来进行的更精确的实验表明，这些早期的大脑映射图谱会因为个体不同而出现一些差异属于正常现象。例如，在所有的测试对象中，触发手部运动的特定点的位置不会完全相同。事实证明，每只猴子的大脑映射图谱都存在一定程度上的差异，就如同每个人的指纹都是独一无二的。

通过这些大脑映射图谱，科学家们还发现这些动物的连续动作是由大脑中紧挨着的一些神经元，也就是脑细胞逐一控制完成的。另外，控制最典型的猴子动作的神经元在大脑中所占的比例较大，控制不那么像猴子的动作的神经元所占的比例要小不少。如果我们用人类世界的例子来举例，就好像小提琴演奏家的大脑中控制左手手指的区域比不会乐器的人要大得多，而且也更发达，因为演奏小提琴需要极大的灵活性。同样，专业的芭蕾舞演员的大脑中负责脚部运动的区域比普通人也要大得多。

大脑映射图谱会变化吗

这项研究很快引出了另外的问题——大脑中的这些区域是如何形成的，又是如何划分的？它们在一个人的一生中会发生变化吗？在20世纪的大部分时间里，科学家们差不多都接受一种假设，认为大脑中的这些区域在人的少年时期就已经形成了，而且之后不会发生重大变化。然而，一些对此持怀疑态度的人决定深入探究，看看猴子的大脑映射图谱是否确实不会随着时间而改变。

在两次世界大战之间的时期，科学家们发现大脑映射图谱确实会发生变化，大部分变化很可能与某块特定肌肉的使用程度有关。越是执行频繁的动作，对应的大脑区域可能发生的变化就越大，而大脑中控制很少出现的动作的区域则没什么变化。然而，由于当时的科学界普遍认为完全发育成熟的大脑不会再出现任何结构性的变化，这种观点已经根深蒂固，因此这些意义重大的实验几乎都被忽视了，没有引起人们的注意。

20世纪70年代，美国神经学家迈克尔·梅泽尼奇和同事们决定更彻底地研究这个课题，他们希望求证大脑结构在不同的外部影响下会发生怎样的变化。首先，梅泽尼奇想弄清楚，如果从猴子手臂的某个特定部位将感官信息切断，将会对猴子的大脑产生怎样的影响。他先是准确地确定了猴子大脑的哪个部分负责处理来自身体特定部位的感官信息。然后，他做了一个切断神经的手术，使这只猴子的手臂失去了部分知觉。过了一段时间之后，他再次绘制了这只猴子的大脑映射图谱，结果发现大脑中之前负责处理拇指感官信息的区域并没有作废或者变得无效，而是正在处理来自手臂另一部分的感官信息，这个部分的神经没有被切断，仍然在向大脑发送信号。

发现这一现象之后，他把研究方向转向了侵害性较小的实验。他很好奇，如果让猴子学会一项新技能，它的大脑映射图谱是否也会发生变化。他和同事们进行了一个相当复杂的实验，他们教成年猴子非常精确地使用它们的手指。如果猴子在用手指操作测试设备时使用了正确的压力，它们就会得到奖励。对梅泽尼奇来说，这可不是一个容易完成的任务，因为他们必须投入大量的时间和精力来训练猴子正确使用手指来赢得奖励。他们在这项实验中还发现，猴子大脑中控制手指运动的区域随着使用越来越频繁而显著增大，不过这也是梅泽尼奇意料之中的事情。

盲人怎么阅读

猴子身上发现的这种特征后来在人类身上也同样得到了证实。有一项研究非常有趣，专门探究了盲人的大脑如何处理凸点盲文。科学家们首次发现盲人的大脑中控制触摸识别盲文的那个手指的区域会随着练习的增加而变大。这本身并不让人惊讶，但是其中存在一个让人非常感兴趣的现象，那就是这个区域的扩大是以牺牲临近区域为代价的，而周围区域负责处理的是不触摸识别盲文的其他手指的感觉。随着用于触摸识别盲文的神经元的不断发展，临近的区域变得越来越小。

利用更现代化的科研方法，科学家们意外地获得了一个更大的惊喜。他们发现，在睡眠期间，即使是盲人，大脑中负责处理视觉信号的区域也会活跃起来。他们认为白天盲人的这部分大脑处于休眠状态，因为他们大脑中的这个区域接收不到任何从眼睛传来的信号。然而，在做梦的时候，盲人似乎能看见东西，或者至少能使用他们大脑中的视觉维度。

此外，我们的大脑似乎拥有超强的适应性，或者用专业术语表达就是具备超强的可塑性，以至于大脑中某个未被使用的区域会被调整为专门负责处理其他任务的区域。然而，直到20世纪90年代中期，这个理论还没有被广泛接受。研究盲人阅读凸点盲文时的大脑活动的科学家们甚至在发表研究成果时遇到了很大的困难。《科学》杂志拒绝刊登他们的研究成果，因为编辑人员完全无法接受他们的观点，根本不相信大脑中完全不同的部分竟然可以相互联系并协同工作，甚至还可以执行新的任务。幸运的是，《科学》杂志的竞争对手《自然》杂志很快刊登了这篇文章。

后来，又有新的研究表明，盲人大脑中的视觉部分实际上在他们流畅阅读凸点盲文时发挥着至关重要的作用。能够很好地阅读凸点盲文的盲人根本不是在感觉纸上那些凸起的点，而是直接感知整个单词，就像正常人阅读一本普通的纸质书时不会去识别单个字母，而是会把单词和句子作为视觉单元来理解一样。

在2000年的时候，一篇科学文献甚至描述了一个非常极端的案例。一名女子自幼失明，但是通过在盲人学校的学习，她在阅读凸点盲文方面表现十分出色。然而很不幸，她在26岁时中风了，中风的区域正好是原本负责处理视觉信息的那一部分大脑。从常理来看，这样的中风应该不会对一个盲人造成太严重的后果，但这个案例明确表明情况恰恰相反。虽然这名女子仍然能感觉到手指下的凸点盲文，但她突然不能理解这些盲文的意思了。很显然，她阅读凸点盲文的能力被储存在原本负责处理视觉信息的那个区域，而该区域因为中风已经受损。

关注脑健康

直到最近，人们才清楚地认识到，即使是老年人的大脑，其可塑性和适应性也比最初的假设要强得多。不过大脑的适应能力确实会随着时间的推移而减弱，这一点已经被证实。简单来说，年轻的大脑具备的可塑性比年老的大脑更强。

作为研究大脑可塑性的先驱，迈克尔·梅泽尼奇和同事们成立了两家公司，专门为大脑功能出现困难的人群提供专业帮助。他们先是成立了"科学学习"公司，目的是帮助有学习障碍的儿童。这个公司专门设计了一些特殊的电脑游戏，用于针对性地开发孩子们大脑中出问题的那些区域。他们的工作取得了令人印象深刻的成果，巨大的成功也促使梅泽尼奇和同事们成立了"假定科学"公司。这个公司专注于帮助老年人，他们开发了各种有益于大脑健康的技术，帮助老年人保持大脑的良好状态，并在一定程度上恢复他们的大脑机能。

镜像神经元

1996 年，帕尔马大学的三位意大利科学家对猴子的大脑在不同活动中的反应进行了专题研究。他们想了解猴子大脑的反应机制，例如当猴子伸手取食物时，大脑的哪些部分是活跃的。他们发现，当一只猴子伸手去拿桌子上的葡萄干时，它大脑中的一些特定神经元就会被触发。这些发现毫无新意，而且之前已经被研究和描述过好几次了。然而，三位意大利科学家在他们的实验中偶然间发现了一种非常有趣而且十分重要的现象。

发现猴子身上的镜像神经元

在多次重复这组实验的过程中，科学家们注意到一件极不寻常的事情。一名科学家站在猴子面前，伸手拿起一粒葡萄干自己吃了下去。这时候令人惊讶不已的事情发生了，检测猴子大脑活动的传感器捕捉到了一组神经反应信号，而这种神经反应和猴子自己拿起葡萄干时一模一样。这只能说明猴子的大脑神经元在它观察到这个动作和自己做这个动作的时候会产生同样的反应。

这个奇特的现象立刻引起了科学家们的注意。他们对其进行了详细的研究，并于1996年发表了正式的科学报告。由于大脑在执行和观察同一行为时的反应方式是完全相同的，所以导致这种现象产生的细胞被称为镜像神经元。

人类身上的镜像神经元

很快，其他科研人员也进行了类似的实验。他们很快发现，当猴子观察到一个自己也可以完成的动作时就会触发镜像神经元；不仅如此，当猴子听到伴随动作一起发出的声音时，也会触发镜像神经元。

科学家们随后开始用类似的实验来研究人类身上的镜像神经元。这一次，他们更快地发现这种现象在人类身上更为明显。1998年，新的研究成果问世，科学家们在人类大脑负责处理语言的区域中发现了大量集中的镜像神经元。后来进行的一系列实验表明，无论是听到一个动作的口头描述，还是观察到这个动作，又或者自己做这个动作，人类的大脑都会产生非常相似的反应。当猴子看到一个自己也可以完成的动作，或者听到伴随这个动作一起发出的声音时，都会触发镜像神经元。而人类镜像神经元的反应更加复杂和广泛，可以延伸到对动作的语言描述。当一个人听到或者读到一个故事的时候，他的镜像神经元的反应会使他感到身临其境，就像在亲身经历故事中的情节一样。

镜像神经元：从自然到文化

根据这些令人惊讶的发现，科学家们推测，人类大脑中镜像神经元的数量和功能经历了十分显著的增加和扩展，这应该是人类进化史上具有决定性意义的发展之一，正是大脑中如此强大的镜像神经元使人类能够在数万年前以不可思议的速度开启了文明时代。

镜像神经元能够非常高效地传递知识。尽管人类的祖先也相当机敏能干，但他们的镜像神经元机制应该还不够先进，无法快速有效地传递和传播人的想法。在这些镜像神经元还不算发达的祖先中，新的想法注定会很快消失，因为他们无法非常有效地存储或传递这些信息。

研究大脑活动的科学家提出了这样一个假设，孤独症可能是镜像神经元不活跃或者功能不完整所导致的一种结果。加州大学圣地亚哥分校的教授维莱亚努尔·S.拉马钱德兰是这个领域的权威专家之一，他试图找到一些实验性证据来证明这一假设。通过检查大脑的特定部位，他对健康人群和孤独症患者镜像神经元活动的水平进行了测算。拉马钱德兰设置了一种最简单的镜像神经元测试：实验对象被要求执行一项任务，同时他也要观察其他人执行同样的任务。

他发现健康人群都表现出镜像神经元功能正常的大脑活

动特征，也就是说，他们的大脑在执行和观察预定任务时的反应是相似的。然而孤独症患者的反应要弱得多。由于镜像神经元明显控制着我们模仿和共情的能力，所以科学家们现在普遍认为，孤独症患者大脑的这种缺陷导致他们很难与他人交流，同时也很难从内心的精神世界里走出来。

近些年来，科学界对镜像神经元功能的研究越来越深入。这也是拉马钱德兰关于孤独症成因的断言最初令人感到惊讶，而现在却被人们普遍接受的原因。在他看来，镜像神经元对心理学的意义就像DNA对生物学的意义一样，在镜像神经元的帮助下，未来我们一定能开发出一个统一模型来解释许多现在仍超出实验研究范围的心智能力。

精神病患者的智慧

牛津大学心理学教授凯文·达顿曾对普通人群的精神病特征进行了一些有趣的研究。他的研究对象来自完全不同的背景和职业。这项由5400人完成的在线调查为达顿提供了一份有精神病倾向的人的详细总览，这些人往往不被注意，而且正常地扮演着社会角色。

调查结果表明，所谓的"功能性精神病患者"，也就是没有犯罪记录的精神病患者，最有可能出现在首席执行官、律师、广播电视主持人、销售人员和外科医生这些人群中，而精神病倾向最小的职业包括社会工作、护理、心理治疗、艺术、手工艺、造型和教学，这与达顿的预想是一致的。

一位参与这项调查的律师在填写完问卷后给达顿写了一封长信，信中描述了他从童年开始就知道自己的世界观与大多数人不一样。有趣的是，他认为这些特征利大于弊，并得出一个令人难以置信的结论：如果适度应用一些精神病特征，可能会对现代生活的艰辛导致的伤害产生强大的治愈效果。

这封真诚的电子邮件促使达顿开始思考精神病患者潜在的积极特征。过了一段时间之后，他提出了一个假设——精神病患者可能更适合解决某些日常问题，并决定通过实验来验证。后来他在2012年出版的《精神病患者的智慧：圣人、间谍和连环杀手能教我们成功》一书中发表了他的研究发现。

"邪恶的精英"

在达顿研究精神病患者的智慧期间，他参观了布罗德莫精神病院。这是英国戒备等级最高的监禁场所之一，布罗德莫精神病院收治的病人通常被认为不适合普通戒备级别的监禁。达顿在那里与医生和病人进行了交谈。他最感兴趣的是一些最严重的精神病患者在面对某些日常情况时可能会产生的想法，例如连环杀手和其他极端暴力罪犯。他们能在尊重正常的社会道德界限的基础上对一些问题提出更聪明、更有效的解决方案吗？

达顿在彻底了解风险和安全防范措施之后，来到了一间安全的病房，周围是英国最严重的精神病患者。接待员向他保证，在这里与这些人交谈是安全的，精神病患者的攻击行为通常都是有预谋的，是为了达到某个特定的目标。病人们看起来都很平静，甚至和蔼可亲。接待员向达顿介绍准备采访的第一个病人时，他正忙着玩电子游戏，他将自己和一些病友称为"邪恶的精英"。这个病人陪同达顿与其他病人会面。第二个与达顿握手的病人自豪地说自己是布罗德莫精神病院最危险的人，但同时告诉达顿不必害怕，并保证不会杀了他。这样的保证听起来就像是个笑话，但达顿认为这完全是一个严肃的保证。达顿的新朋友们护送他前往其他病房，还向大家介绍说他是一位心理学专家，专门从牛津大学来这里写一本关于精神病人的书。

一开始的时候，所有病人都认为达顿会把他们描绘成没有良知的怪物，就像他们在媒体上经常出现的那样。但当达顿解释说他最感兴趣的是普通市民能从他们身上学到什么时，这些病人就变得更愿意合作了。经过最初的破冰交流之后，谈话开始变得开放。

达顿向他们展示了一些预先设定好的场景，并询问他们在这些情况下会做出怎样的反应。例如，他想知道，如果他们想把一个租客从他们的公寓赶走，但又没有要求租客搬走的法律依据时，他们会怎么做。

在达顿说明暴力方式不在考虑之列后，其中一名精神病患者立即想出了一个非常新颖而有趣的解决方案。他说他会敲门拜访，介绍自己是一名政府官员，急需和公寓的主人谈谈。刚开始他会拒绝向租客透露更多的信息，从而引起他们的好奇心。当租客被吊足了胃口之后，他就会以一种非常神秘的口吻告诉他们，根据例行的毒性测试结果，公寓附近存在一种剧毒气体，和这个公寓周围的污染程度相比，"切尔诺贝利就好像是一个温泉疗养地"。听到这个消息后，租客可能很快就会自己搬走。

网上流传着一个心理分析测试，通过这个测试，任何人都可以检查自己是否有精神病倾向。这个测试的场景是这样的：一个女人在自己母亲的葬礼上注意到一个不认识的男人，她立刻感觉到这个男人就是她的灵魂伴侣，也是完美的生活伴侣。但不幸的是，她没办法得到这个人的联系方式，她十分担心以后再也见不到他了。几天之后，她杀死了她的妹妹。这是为什么？

如果你一开始就认为这个女人的犯罪动机是因为自己的妹妹与那个神秘男子有某种接触，于是出于妒忌杀死了妹妹，那你就不太可能是精神病患者。然而，如果你的第一个想法是这样的："这当然是因为她理想中的男人很可能会来参加她妹妹的葬礼，就像参加她母亲的葬礼一样。"那就意味着你正在朝精神病患者的方向越走越近，至少网友们的普遍看法是这样。

达顿在精神病院与真正的精神病患者一起验证了这个故事。令人出乎意料的是，布罗德莫精神病院没有一个人提出这一解释。其中一个病人甚至说："我可能是疯了，因为我住在精神病院，但我绝不愚蠢，不可能提出这样的计划。"

精神病患者的大脑

精神病患者通常被定义为具有多重特质的人，包括魅力、感召力、无畏、罔顾他人、自恋、恳切、缺乏良知等。在做出道德判断时，精神病患者通常不会把情绪带入过程，如果他们确实有能力的话，只会把注意力集中在最终的结果上。只要能帮助他们实现目标，他们可以变得格外有吸引力和说服力。但是，如果他们认为麻木不仁更有可能获得成功的话，他们会迅速转变为冷酷无情。

对精神病患者大脑的研究表明，在面对道德困境时，他们大脑中负责协调对各种情况快速做出直觉反应的杏仁体远不如正常人活跃。大多数人在做错事的时候都会感受到某种身体反应，然而精神病患者在做错事时却无法感受到。例如胃疼、出汗，以及其他一些体征，通常都是提示人们自己正在做一些不应该做的事情，或者正在实施有可能伤害他人的行为，但这些提示性的体征在精神病患者身上都不会出现。他们只能通过理性地评估情况来阻止自己，但这并不总是像快速直觉反应那样有效，这里所说的快速直觉反应正是我们通常所说的良心。

达顿注意到，精神病患者具有一种非常有效的能力，他们可以专注于当下，从而避免仔细设想未来可能出现的各种情况，他们不会琢磨过去，也不会去考虑建立在假设上的问题。就像东方的冥想大师一样，精神病患者能够抛开所有关于多种可能性的空想，只专注于当下，而这反过来又能让他们保持快乐和满足。达顿认为，适度运用这种集中注意力的能力，对于那些难以应对快节奏现代社会的人来说是非常有用的。精神病患者其他的积极特征也是如此，例如他们的魅力和他们对实现最终目标的专注。

人心的底层

人类的四种快乐

1953年，两位博士后研究员彼得·米尔纳和詹姆斯·奥尔兹来到加拿大著名神经心理学家唐纳德·赫布的实验室工作。他们的研究包括通过手术在小鼠的大脑中植入电极，并观察这些小鼠对刺激大脑不同区域的电脉冲的反应。小鼠在手术后几天就恢复了健康，表现得还算正常，唯一的异样是它们的头部"长"出了电线。

发现大脑的快乐中枢

在其中一个实验中，科学家们希望研究他们认为与睡眠周期有关的那部分大脑，但小鼠大脑中的电极意外地偏离了预定位置。最开始的时候，每当小鼠站在笼子里某个特定角落时，科学家们就会将植入的电极通电，但后来他们修改了机制，让小鼠自己按下按钮，从而向它们的大脑发送电脉冲。

对电脉冲控制方式的修改促成了一项伟大成果，它堪称行为神经科学史上最激动人心的成果之一。

向自己的大脑发送电脉冲的小鼠陷入了一种奇怪的痴迷。它们每小时按下按钮的次数竟然达到了7000多次。小鼠疯狂地按下按钮，甚至忘记了吃喝，就连还在哺乳期的雌性小鼠也突然忘记了自己的孩子，一天24小时不停地按按钮。米尔纳和奥尔兹很快意识到，这个实验显然已经不是针对大脑中控制睡眠周期的中枢，而是发现了哺乳动物大脑的快乐中枢。

接下来的问题自然就是这个实验能在多大程度上应用于人类大脑。这个想法听起来可能很荒谬，因为这个实验在今天恐怕不会得到世界上任何一个伦理委员会的批准，但在几十年前，这个实验确实被实施了。

美国精神病学家罗伯特·加尔布雷斯·希思曾试图将电极植入患有严重抑郁症和精神分裂症的患者的大脑里，以此作为治疗方式。1972年，他发表了一篇不同寻常的论文，介绍了他在一个24岁的男性病人身上重现米尔纳和奥尔兹在小鼠身上的实验，他在论文中将这个病人称为B-19。

在病人身上观察到的结果与在小鼠身上观察到的结果同样令人震惊。当病人的大脑中这个新发现的区域受到电流刺激时，他体验到了强烈的欣快感和兴奋感。当刺激停止时，病人竟强烈抗议并要求继续这种治疗方式。希思在一位患有慢性疼痛症状的妇女身上也进行了类似的实验。当电极被插入后，她如此狂热地不断按下电流触发器，以至于她的手指上都长了疮，并且开始忽视自己和家人。

快乐和满足：化学反应

快乐的来源在于大脑中所谓快乐化学物质的分泌，现在这已经不再是什么秘密。然而，很少有人知道，这些快乐的感觉是由四种不同的化学物质引起的，也就是说我们的大脑会产生四种不同的快乐。在上面提到的所有例子中，大脑受到刺激的是负责产生多巴胺的区域，另外，血清素、催产素和内啡肽分泌的增加也会产生类似的效果。

内啡肽是一种天然的止痛药，被用来阻断疼痛的感觉。这种机制的形成使受伤的野生动物能够有机会逃离捕食者。如果我们的大脑能一直释放内啡肽，我们就能在扭伤脚踝的情况下继续跑步，一些高水平的运动员在没有注意到自己受伤的时候偶尔也会出现这种情况。但这种机制只能用于解决没有危及生命的情况，因为掩盖疼痛很容易导致伤害加重，甚至可能导致死亡。

当大脑接收到疼痛信号时——无论是身体上的疼痛还是

情感上的痛苦，都会释放内啡肽。我们在跑步时，会触发轻微的疼痛感，因此导致大脑释放内啡肽，最终使我们热衷于跑步。但是，大多数自我伤害的行为造成的负面后果都无法被产生内啡肽的益处抵消。阿片类物质与内啡肽有着相似的化学结构，毫无疑问也有相似的效果，都会使人感受到强烈的欣快感。

催产素是一种与信任有关的化学物质。当我们与周围的人建立联系时，它就会被触发。这种被称为"取悦"的化学物质能促进信任、爱和陪伴。这是当我们成功建立起新的可靠的社会关系时，大脑给我们的一种奖励。性高潮和哺乳时，大脑也会释放同样的化学物质。

哺乳动物的幼崽出生后与母亲待在一起时，大脑会立刻开始释放大量的催产素。这可以使幼崽更容易获得一个安全的家庭环境。与哺乳动物不同，爬行动物还没有发展出这种加强幼崽与父母之间依恋的机制。爬行动物在调节它们的行为时，完全依靠疼痛或类似的刺激。比方说：如果它们没有得到足够的阳光，它们就会感到疼痛；当它们的身体再次暖和起来时，疼痛感就会消失。但是，即使它们成功地减轻了疼痛，也不能感觉到快乐，这是因为爬行动物的大脑不具备分泌诱发快乐的化学物质的功能。但爬行动物这种避免疼痛的系统也有好处，它们能在非常低的能量摄入下保持正常活动，因为这种系统所需的神经元更少，所以能量效率更高。哺乳动物，包括人类的大脑复杂程度则要高得多，因此也需要更多的能量。

在成长过程中，哺乳动物亲子之间的亲密关系会转变为对更大群体的依恋，动物成群活动和人类的家庭关系就是如此，我们每个人最终都会与某个国家、某个政党、某个俱乐部或任何其他我们认同的群体产生联系。当一个群居野生动物离开其他群体成员的视线时，它的大脑通常就会开始释放皮质醇，这是一种由精神压力引发的化学物质，可以抑制诱发快乐的化学物质的产生。

皮质醇的释放是一个危险的信号，而血清素的分泌则表明危险已经过去。血清素为正常行为亮起绿灯，它让我们知道，我们目前所做的事情都是安全的，我们可以继续这样做。

如果你周围的人尊重你，他们的行为就会激发你体内的血清素。这是一种自发反应，即使我们不知道别人为什么尊重我们，血清素也会产生。那些在群体中地位较高的哺乳动物的血清素水平通常更高，因此攻击性倾向更低，而低水平的血清素是导致冲动和不合群行为的重要原因之一。血清素有两个重要的功能。第一，它可以让我们知道我们已经脱离了危险区域；第二，它可以为我们提供安全的社会环境。

第四种快乐化学物质是多巴胺，它可以使哺乳动物保持努力的动力，直到达成自己的目标。多巴胺会让我们兴奋起来，让我们期待好事将会降临。它发出的信号是对奖励的期待，而不是奖励本身。多巴胺的释放是我们接近终点线的标志，而催产素和血清素则标志着我们真正得到了奖励。多巴胺可以促进学习和快乐，以便让我们记住快乐是如何获得的。当最终的奖励超过我们的预期时，大脑就会释放出最高剂量的多巴胺，但与此同时，上瘾症状也产生于多巴胺系统之中。

如果我们把爱视为大脑化学中复杂情感状态的一个例子，我们可以确定其中的几种化学成分。多巴胺是在期待未来的快乐的状态下释放的，催产素伴随着信任的形成，而血清素是安全的信号。在单相思的爱情中，内啡肽会起到调和作用，使其他几种快乐化学物质混合在一起的效果变得尽可能完美。

棉花糖实验

20世纪60年代末，斯坦福大学心理学教授沃尔特·米歇尔在他的三个女儿身上观察到一些有趣的行为，当时她们的年龄都在2至5岁之间。在女孩们大约4岁的时候，米歇尔发现，如果向她们承诺抵制立即实现愿望的诱惑就能得到奖励，那她们就能做到。例如，当她们在商店里央求米歇尔买一块巧克力时，他就承诺，如果她们等到午餐后再吃，就给她们两块巧克力，于是她们选择了等待。米歇尔搜索了科学期刊，发现还没有人写过这个主题的文章。由于找不到任何关于儿童成长中这一特殊阶段的可靠信息，他决定自己研究。

米歇尔设计了一个实验，实验对象是当地一所大学附属幼儿园的孩子们，希望证实他关于4岁儿童能够做到延迟满足的假设。这个实验的一个有趣之处在于，直到今天它还在以某种方式继续进行着。

在实验中，米歇尔把孩子们单独引导到幼儿园游戏室旁边的一个小房间里，里面放着一张儿童桌和一把儿童椅，桌子上有一些好吃的零食。在最初的实验中，米歇尔使用了一种孩子们特别喜欢的棉花糖，因此这个实验也被称为"棉花糖实验"。当孩子在桌子旁边坐下时，米歇尔就会把棉花糖递给他，并解释说，这块棉花糖可以马上吃，也可以等几分钟，等他再拿一块回来就可以一起吃，也就是说现在吃可以吃一块，等几分钟之后吃就可以吃两块。米歇尔解释完之后会先离开房间15分钟，然后通过摄像机观察孩子面对这个两难局面时的反应。

令人惊讶的关联性

录像画面非常有趣，原始实验的录像可以在网上找到。一些孩子无法抗拒眼前的诱惑，当米歇尔还在房间里或者刚刚离开时，他们就狼吞虎咽地吃掉了棉花糖。还有一些孩子的脸上写满了内心的矛盾，他们试图按照指示，等米歇尔回来，额外再得到一块棉花糖，但这显然并不容易。

米歇尔发现，4岁的孩子平均能等待7分钟，然后就会屈服于自己的渴望。当然，有些孩子坚持了20分钟，也有一些只能坚持不到1分钟。但是，使这项实验被载入科学史的并不是实验的直接结果。

如果米歇尔没有偶然发现最初的棉花糖实验在几年之后显现出的一种关联性，那么他对学龄前儿童自控能力的这项研究本身就没什么特别之处了。米歇尔的女儿们从幼儿园毕业几年之后，偶然和米歇尔谈起她们幼儿园里参加过这项实验的小朋友们的一些事情。正是通过这次交谈，米歇尔发现了这种关联性。他试图想起这些孩子的名字，想知道他们在哪所学校上学，现在表现怎么样，以及其他同龄孩子对他们的看法。就在这个时候，米歇尔惊讶地意识到，女儿们的这些朋友在学校的成功程度与他们在当初实验中表现出的延迟满足的能力之间存在很强的关联性。

那些尽管知道只要等几分钟就可以多吃一块棉花糖，但仍然无法抗拒诱惑并马上吃掉棉花糖的孩子，他们在学校的表现一般都不太好。起初，米歇尔认为这似乎是一个巧合，因为参考样本只有他女儿的朋友，但他决定追踪其他参加最初实验的孩子，看看在更大范围的样本中是否也存在类似的模式。

米歇尔得到了惊人的结果。根据一个 4 岁孩子在吃掉棉花糖之前等待的时间长短，他可以准确地预测这个孩子之后在学校的成功程度。自制力较弱、不能在房间里独自等待的孩子后来在学校普遍出现了问题。表现出更强自制力的孩子出现的问题则少得多。

实验继续进行

米歇尔对这些孩子的发展状况继续进行跟踪监测。1990年前后，他报告了孩子们在美国大学入学考试中获得的成绩。他们的分数存在显著差异，等待不到1分钟就吃掉棉花糖的孩子比等待10分钟或更长时间的孩子平均低210分。

参与最初实验的孩子45岁时，米歇尔还在继续监测他们的行为。他试图尽可能多和全面地收集他们的信息，从他们的收入、对生活的满意度、教育水平，到他们是否有肥胖问题，是否有婚姻危机，等等。

米歇尔在采访中表示，他在幼儿园观察到的这些人身上的差异，直到40年后仍然在塑造他们的命运。那些能够延迟满足自己欲望的孩子现在拥有更好的工作，赚了更多的钱，身体更健康，总体上对自己的生活也更满意。

先天还是后天

但这意味着什么呢？4岁的孩子真的可以被分成两类人吗？一类会成为成功人士，另一类则会成为无法自控、生活中充满问题的"失败者"吗？米歇尔坚持认为，在得出任何这样的结论之前，应该对实验进行进一步的深入研究。

实验的录像显示，所有的孩子都忍受着巨大的折磨，因为他们必须看着摆在自己面前的零食。在他们的脑海中，他们很可能在承受立即吃掉棉花糖的欲望和抵制诱惑然后获得更大后续奖励之间的冲突。

观察孩子们如何想出不同的方法来抵抗诱惑不吃棉花糖，这非常有趣。有的孩子在棉花糖周围用鼻子嗅了嗅，有的孩子捂住眼睛，还有的孩子舔了舔棉花糖，这样就看不到咬痕了。更有创造力的孩子会用唱歌或数手指来打发时间。

在观看录像时，米歇尔注意到，那些在吃棉花糖之前坚持得更久的孩子发展出了一些有效的分散注意力的技巧，将他们的注意力暂时转移到其他事情上。数数、玩手指、唱歌、踢桌子，这些技巧都能让他们坚持得更久。

出于这个原因，米歇尔开始向那些最初无法控制自己冲动的孩子传授这些转移注意力的技巧。他让孩子们把面前的棉花糖想象成不是真正的棉花糖，而只是棉花糖的图片。通过遵循这一简单的建议，一些最初不能等待太久的孩子变得越来越有耐心。当然，这些技巧只适用于具体的任务，不至于对孩子未来的生活产生影响，但很明显，学习和训练会带来很大的不同。

根据米歇尔的预测，未来的研究将向我们展示延迟满足的能力到底是与生俱来的还是后天习得的。他认为最有可能的结果是两者的结合。我们之中的一些人可能天生倾向于要求立即得到满足，而另一些人可能天生更擅长等待；但学习和训练对这两种倾向都会产生很大的影响。

快乐的器官

　　如果伊尔莎·伦德在电影《卡萨布兰卡》的最后一幕，也就是著名的机场离别中做出不同的决定，事情将会怎样？如果她留在摩洛哥和里克·布莱恩在一起，而不是和丈夫一起坐飞机前往里斯本，她是否会对接下来的生活感到满意？她会对这样的决定感到后悔吗？世界上最著名的幸福研究者之一、哈佛大学心理学教授丹尼尔·吉尔伯特认为，无论伊尔莎怎么选择，她最终都会获得同样的幸福感。在吉尔伯特的新作《快乐的绊脚石》中，他以最新的科学发现为基础（他本人对这些发现做出了巨大贡献），对"如何才能快乐"这个千百年来一直在人们的冥思和哲学家的辩论中占据重要地位的问题提出了自己的原创观点。

大脑：体验模拟器

在数百万年的岁月里，人类大脑的平均大小演变成我们原始祖先大脑的两倍多，这主要是由于额叶的形成。这个大脑的新部分最重要的功能之一是让我们预演体验。就像飞行员在飞行模拟器中演练不同的空中情况以测试他们的反应一样，我们每个人的大脑都拥有一个"模拟器"，使我们能够在不同的情况真正发生之前先预演体验。在这一点上，任何其他动物都比不上人类。

合成的快乐

根据吉尔伯特的说法，我们大脑的这个部分具有一种极为有益的能力，可以帮助我们模拟快乐的环境。他把大脑中的快乐合成器描述为一种心理免疫系统，它让我们把世界想象成比实际更好的样子。尽管没有意识到这一点，但我们都拥有一个内在的器官，在我们的颅腔里产生快乐。我们一生中都在不断地制造快乐，但我们仍然认为满足是我们永远得不到的东西，也是我们无法控制的东西。

这到底意味着什么？是否存在两种快乐：一种是源于我们生活中真实事件的天然快乐，另一种是合成的快乐——把个人的存在描绘得比现实生活中更美好的防御机制？

区分两种快乐

天然的快乐是当我们的愿望实现时体验到的一种感觉，而合成的快乐是当我们没有得到想要的东西时，我们的大脑给予的一种安慰。西方社会有一个普遍观点，那就是合成的快乐不如天然的快乐有价值。这可能要归因于我们的消费心理，我们一直被告知，如果做到某件事或购买某样东西，我们就会更快乐。

确实，当我们买了一双新鞋或一台新电视机时，我们会感到满足。但是，根据研究人员的发现，即使我们没有得到想要的东西，我们也可以同样感受到快乐。这是大脑启动的一种机制，人为地诱导一种幸福的感觉，最终的结果与天然的快乐是一样的。实验结果证实了这一结论，即天然和合成的两种快乐来源对于我们的感觉来说一样真实。

经典的自由选择测试

吉尔伯特还描述了一个在心理学文献中已经存在几十年的经典测试。他随机选择了一些参与者，向他们展示六件物品，并要求他们按照从最不喜欢到最喜欢的顺序进行排序。他们通过观看物品的图片来完成测试。然后，吉尔伯特让他们在排第三和第四的两件物品中挑选一件自己更喜欢的，另一件必须放弃。由于这两件物品的排序位于中间，一般来说，参与者对它们的态度或多或少都是一样的：它们不是最好的选择，但同时也不是最坏的选择。

一段时间之后，可能是几个小时或几个星期，参与者被要求再次对相同的物品进行排序。这时候的排序结果通常都会发生变化。参与者最后挑选的物品往往会比之前更靠前一个位置，而最后放弃的物品的排序则更靠近最不喜欢的位置。吉尔伯特将这种变化归因于合成快乐的心理机制，当参与者在对排序清单上第三和第四位的物品中做出选择时，这种机制就会被触发。当他们决定选择其中一件物品时，合成快乐的机制会让他们相信自己做出了正确的选择，因此后来他们喜欢这件物品的倾向会比原来大得多。

健忘症患者的实验

吉尔伯特在顺行性遗忘症患者身上做了同样的实验，这种疾病会阻止患者形成新的记忆。和之前的实验一样，吉尔伯特也要求患有顺行性遗忘症的参与者观看六件物品的图片，并按照喜好程度排序。接着也同样要求他们在排序清单上第三和第四位的两件物品中挑选一件自己更喜欢的，但这次他承诺要把这件物品邮寄给他们。

30分钟后，当这些健忘症患者忘记这件事时，吉尔伯特回到他们的房间，告诉他们刚刚见过面（这些参与者当然不记得他们见过面了），并让他们把这些物品重新排一次序。但在开始之前，吉尔伯特询问了他们是否记得半小时前选择的是哪件物品。他们的回答就像掷骰子一样随机，这说明他们完全不知道吉尔伯特会将哪件物品寄给他们。

但随后发生的事情令人惊讶不已，健忘症患者和健康的参与者一样，都将他们之前选择的物品排在了更喜欢的位置。这到底是怎么回事？吉尔伯特解释说，这两组参与者在做出选择后，对客观世界的看法和评估都发生了改变。健忘症患者的案例证明，对这些物品的看法和评估的变化并不是由人们有意识、有准备的观点所引导的，而是这些物品的优先级在人们心中发生了实实在在的变化。因为健忘症患者并不知道他们之前选择了哪件物品，因此再次排序时不可能有准备地重新考虑自己的选择，真正发生改变的是他们评估客观世界的本能。

合成快乐的工作机制

为了更好地了解合成快乐的工作机制，研究人员在哈佛大学进行了另一项实验。他们邀请学生们给他们的教授和同学拍照，并告诉他们可以冲洗两张他们最喜欢的照片，并把它们做成大尺寸的相框；但最后研究人员告诉参与者，他们只能保留其中一张照片，而且很可能再也见不到另一张照片了。学生们必须在两张照片中做出选择。

一半的学生被告知，在做出最终选择之前，他们可以有几天的时间来考虑；另一半学生则被告知，他们必须立刻做出最终选择，而且马上生效。研究人员跟踪了两组学生对他们保留的照片的态度。那些有几天时间来考虑的学生认为他们保留的照片只比他们放弃的照片稍好一点，而且即使在考虑期限截止，做出最终决定之后，他们对自己选择的照片的态度也没有改善。另一方面，那些必须立刻做出最终选择的学生则认为他们保留的照片比放弃的照片有价值得多。

自由选择和快乐感的悖论

选择的自由是天然快乐的好朋友，但也是合成快乐的强大敌人。心理免疫系统的目的是让人们接受他们无法控制的情况。当我们完全陷入困境时，当我们没有自由选择的可能性时，人为制造的快乐就最有效。照片实验在另一组学生中再次进行，不同的是所有学生都可以选择考虑几天再决定或立刻做出决定。三分之二的学生选择了考虑几天再决定。

　　从最终的满足程度来看，这是一个难以理解的决定，因为那些立刻做出选择的学生都认为他们保留的照片远比放弃的照片更有价值，所以他们最终更快乐，也对他们所做的选择更满意。

快乐的机制

早上快8点的时候，一个年轻人走进地铁站，拿出一把小提琴。候车厅里的音响效果不错，他在一个垃圾箱旁坐了下来，开始演奏。在接下来的43分钟里，他演奏了6首高难度的古典曲目，有1097人从他身边经过。在上班高峰的人群中，几乎没有人会停下来听音乐，偶尔有路人一边迈着匆匆的脚步一边朝他扔了些零钱。

有几个人听出来他的小提琴演奏得很不错，认为他是个很棒的街头音乐家，如果他们不是忙着去上班，可能会花点时间停下来听一听。然而，大多数人甚至都没看他一眼。他们并不知道这个人是世界上最优秀的小提琴演奏家之一，更不知道他拉的那把小提琴是300年前斯特拉迪瓦里的亲手杰作，倘若知道的话，他们的反应会有什么不同吗？这种级别的音乐家的音乐会门票通常要100美元或更贵，他拉的那把小提琴价值数百万美元，堪称难得一见的艺术品。

他们匆匆而过

2007年1月12日上午的这场地铁站演出，实际上是由著名小提琴演奏家乔舒亚·贝尔和记者吉恩·温加滕共同进行的一场实验。他们很想知道，在不知情的情况下，路人会对一流的艺术表演做出怎样的反应。杰出的艺术如果脱离了它通常的背景，还会吸引观众吗？

《华盛顿邮报》的一个团队用一个隐藏的摄像机记录了这一事件的完整经过，我们可以在网上找到录像的剪辑。2007年4月8日，温加滕在《华盛顿邮报》上发表了一篇长文，标题是《早餐前的珍珠：美国伟大的音乐家之一能否穿越华盛顿地铁高峰的迷雾，让我们来找出答案》，他因此获得了普利策新闻奖。

著名小提琴演奏家乔舒亚·贝尔把他平时在音乐会上的礼服换成了一套日常休闲服装，还戴了一顶棒球帽。一千多人在地铁站里从他的即兴独奏会现场匆匆而过，只有一个人认出了他，这位女士碰巧几周前在国会图书馆听过他的演奏。她一脸困惑地往贝尔的小提琴盒里扔了20美元——这是他这天早上演奏表演的大部分收入，43分钟的演奏一共收到了27

名路人给的32美元。这可能与其他街头音乐家的收入水平差不多，然而比贝尔一场音乐会的正常票价还差得远。几个月后，贝尔被授予著名的艾弗里·费雪奖，以表彰他作为古典音乐家的杰出成就。

这个被称为"地铁站里的艺术大师"的实验表明，背景对我们对事件的评估会产生多么重要的影响。这里所说的"背景"是指我们对艺术或音乐体验赋予的先验知识和期望，并以此对其进行分类和标记。耶鲁大学心理学教授保罗·布鲁姆2010年出版了一本名为《快乐的机制：我们为什么喜欢我们喜欢的东西》的书，书中对贝尔在地铁站表演的故事进行了更详细的论述。布鲁姆引用大量案例，得出了一个相当简单但令人信服的结论——当某个特定事物或人触发快乐时，触发点本身的性质不如触发点所根植的历史和背景重要。如果环境发生变化，触发点很可能就会立刻失去所有的价值和产生快乐的能力。关于这种现象，著名的艺术品突然被证明是赝品就是一个很好的例子，除了失去来自外界的赞赏和估值之外，它们自身所有的实际属性其实没有任何变化，然而还是会在一夜之间被视为垃圾。

骗了纳粹的艺术品伪造者

荷兰画家汉·范·米格伦被认为是20世纪最好的艺术伪造者之一。他曾成功地欺骗过一些顶尖的艺术专家和鉴赏家，并将自己的伪作卖给许多著名的美术馆、博物馆和收藏家。他最著名的伪作是《基督与通奸者》，这幅画一度被认为是荷兰绘画黄金时代的大师约翰内斯·维米尔保存最完好的真迹。若不是因为第二次世界大战期间发生的一个离奇故事，米格伦的这幅伪作极有可能仍然在博物馆里作为维米尔的杰作接受人们的欣赏。

众所周知，德国纳粹是贪婪的艺术品收藏家。在征服欧洲的过程中，他们侵占了大量珍贵的绘画和雕塑艺术品，许多纳粹要人都喜欢把搜刮来的艺术品收藏在自己家里。第三帝国的二号人物赫尔曼·威廉·戈林也不例外。被希特勒指定为接班人的戈林不仅好大喜功，还自称是艺术鉴赏家，他最大的愿望就是拥有一幅维米尔的作品。米格伦嗅到了商机，为他量身定做了这幅《基督与通奸者》，并署名维米尔。他谎称这就是维米尔的真迹，把它卖给了戈林，喜出望外的戈林从未怀疑过这是米格伦精心设计的一场骗局。二战结束后，米格伦以叛国罪的名义被捕，理由是为了个人利益向侵略者出售国家珍宝，罪名一旦成立，他将被判处死刑。

　　米格伦被捕后不承认自己的罪名，他告诉调查人员，他卖给戈林的不是维米尔的真迹，而是他自己假托维米尔之名画的赝品。为了证实自己的说法，他还提到一些著名博物馆收藏的名画也是他的伪作。当局自然不会轻易相信他的话，于是他向当局建议，在他们的监督下现场以维米尔的风格画出另一幅赝品，再请事先不知情的专家组来鉴别，如果专家组也认为是维米尔的真迹，那就能证明自己卖给戈林的其实是伪作，自己叛国罪的罪名也就能洗清了。米格伦花了几个月时间完成了一幅画，在绘制过程中，他将在场的一位现场监督者的脸呈现在画中。事前不知情的专家组随后来看了这幅画，一些专家直接宣称这就是维米尔的真迹。直到那位画中的现场监督者被认出时，专家们才很不情愿地改变了结论。就这样，米格伦被免于叛国罪，改判伪造罪。米格伦一夜之间从罪犯变成了许多荷兰人眼中的民族英雄，因为他在二战期间对纳粹进行了"欺诈"，以此保护了荷兰的艺术品。

　　戈林在纽伦堡接受战争罪审判时，得知他收藏的那幅维米尔的画其实是赝品。根据一位在场人士的说法，戈林那一刻看起来"好像是第一次发现这个世界上竟然还有邪恶存在"。

小便池艺术品和静默的音乐会

历史告诉我们，即使是最平凡的物品也可以变成高级的艺术品，例如小便池。1917年，被誉为"实验艺术的先锋"和"现代艺术的守护神"的马塞尔·杜尚将一个从商店买来的小便池起名为《泉》，匿名送到美国独立艺术家展览会组委会，要求作为艺术作品展出。不用说，他的这件作品被拒绝了。然而，这件作品以及提交这件作品的行为却最终在艺术史上赢得了一席之地，被评论家们称为20世纪艺术的一个重要里程碑。

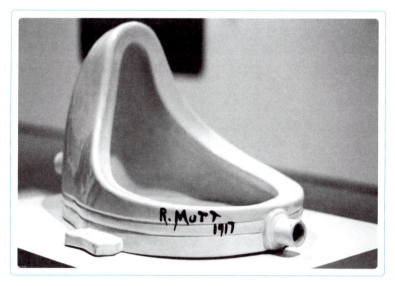

杜尚《泉》

　　一旦一种文化对艺术作品和艺术家有了固化的评价，就像画廊、杂志和类似的机构所确定的那样，这些作品及其创作者也就形成了固化的背景。通常来说，这种背景会决定公众做出的反应。即使我们期望在特定背景中找到的某种东西实际上缺失了，这种东西仍然可以产生与它真实存在一样的效果。美国先锋派音乐家约翰·凯奇的作品《4分33秒》就是这种情况的一个极端例子。《4分33秒》是一首时长4分33秒的无声音乐，或者说就是在4分33秒的时间里保持静默。在1952年首次演出时，钢琴家走上音乐会舞台，端坐4分33秒后，连琴键都没有碰一下，就宣布演出结束了。

　　即使像杜尚的《泉》那样，在预设的背景中放置一个看似与艺术毫不相干的意想不到的东西，或者像凯奇的《4分33秒》那样，干脆什么都没有，环境仍然会影响我们的体验。这种安排在背景中很容易被滥用。例如通过巧妙的营销手段，一件毫无价值的物品可以被当作珍宝。然而，从某种意义上说，人们还是会觉得物有所值。在合适的背景下，不管一件定价过高的物品的真实价值如何，它仍然可以成为快乐的来源。

未知和不确定性的力量

想象这样一个游戏：你的面前有一个盒子，里面装着红色的球和黑色的球，你必须闭上眼睛从里面拿出一个球，如果你能预先猜对你拿出的是什么颜色的球，就能赢得一份奖品。这个盒子里的红球和黑球正好各占一半。那么问题来了，在猜颜色之前，你是希望知道这个安排，还是希望不知道呢？

在这两种情况下，猜中的概率实际上是一样的，但我们大多数人都会倾向于选择知道，也就是希望在明确了解盒子里的红球和黑球各占一半的情况下做出决定。这个游戏测试的是人们面对模糊性的反应，也被称为埃尔斯伯格悖论，它说明了人们倾向于在可以做出预测的情况下选择冒险，也就是预先知道具体的概率，而不是对结果的可能性模糊不清。通常来说，模糊的风险引起的情绪反应会比明确的风险更强烈。

这与医生在诊断过程中试图遵从病人意愿的悖论有些相似。如果医生选择的诊断方法不能准确提供阳性或阴性的结果，病人通常会准备接受风险更大的进一步检查，即使这样做可能会对身体产生严重的副作用，但为了更清楚地知道病情，病人还是会冒险。现在的病人往往愿意接受一些以前被认为侵入性太强、导致并发症可能性太大的手术。

我们不喜欢生活在模棱两可中

如果我们处于模棱两可的境地，我们自然倾向于摆脱和解决这种情况。当我们被置于一个我们无法识别也无法用任何已知参数定义的处境时，我们的大脑就会试图找到一个新的解释。如果大脑察觉到我们在某种特定环境下的实际感知与我们在这种环境下应该有的感知不一样，它的活动就会明显增加。

在面对问题时，大脑首先会试图寻找新的模式，对各种不同的解释都保持开放的态度，但过了一段时间之后，它就会放弃这种尝试。当大脑认为一个问题似乎无法解决时，它倾向于尽快得出结论。然后，我们会有一种做出决定的冲动，并迅速选择一个选项，即使这个决定并不完全合适。根据这个决定，我们开始寻找新的假设，并尝试塑造符合新假设的数据来证明我们的决定是正确的。事实上，我们能够忍受不确定状态并等待满意解释的时间是相当短的。除非我们有意识地把注意力集中在保持开放性并进行更深入的思考上，否则我们的大脑就会很快结束开放式的"创造性思维"。

当我们的大脑做出一个决定后，即使出现越来越明显的差异和不一致，它也会坚持下去。大脑的首要任务是解决模糊性，这导致它会忽略与预判不符的信息。一旦做出决定，大脑就会敦促我们相信当前局面比实际更清晰。在这个思维阶段，人们倾向于坚持自己的选择，并在持相似观点的人群中寻求再次确认。

解决模糊性属于大脑自动处理的范围，是在最基本的层面上完成的任务，即使我们想阻止也办不到。例如，当我们看到一个人说"娃娃"和"爸爸"这两个词的时候，可以通过读唇语来区分这两个发音。我们对特定的嘴唇动作一定会发出特定的声音这个概念深信不疑，以至于当"娃娃"的发音被剪辑到说"爸爸"的唇语镜头中时，我们还是会认为自己听到的是"爸爸"而不是"娃娃"。大脑固执地坚持这种概念，即使我们意识到自己被欺骗了，也不能改变大脑的反应。互联网上可以找到关于这种现象的视频，例如BBC科教纪录片栏目《地平线》系列的一期专题《眼见真的为实吗?》。

这仅仅是我们大脑内在的许多神经机制之一。在大多数情况下，这些机制其实都有助于我们将沟通变得史容易并防止误解。由于每天都要面对海量的信息，因此我们需要迅速进行识别。我们大脑中消除模糊性的系统在实践中非常有效，这就是为什么我们往往只通过对一个可识别对象的快速一瞥就能知道我们在处理什么。同样的道理，我们通常能认出漏掉字母或字母排列顺序错误的英语单词——只要这个单词的第一个字母和最后一个字母都是对的。

处理模糊性的方法

在现代社会中，保持快速决策和深入思考之间的平衡是一种非常有用的重要能力，瞬息万变的世界要求我们既能通过既定的思维模式迅速做出决定，又能维持足够长时间的开放性思维以激发改变和提高。拘泥于旧的思想框架会导致故步自封，但忍受模糊性也很困难，因为它会让我们感到焦虑和不安。

杰米·霍姆斯在2015年出版的《未知的力量》一书中详细讨论了我们如何处理模糊性以及模糊性对我们日常生活的意义。他认为，在这样一个复杂而不可预测的世界里，我们最重要的特征不再仅仅是智力、决心和知识，还包括面对我们未知和不能理解的东西的能力。我们必须在信息不完整、决策框架不完全清晰的情况下做出决定，这一点变得越来越重要。

在这个几乎每时每刻都在变化的世界里，我们要不停地面对新的、不可理解的、未知的事物，因此处理模糊性的能力显然是至关重要的。如果我们能够将开放的状态维持更长的时间，并认真权衡自己的选择，我们将更有可能做出一个可以带来长期利益的决定。在模糊性的环境中生活的能力与一个人的智力无关，这是一种在特定情况下发挥作用的能力，我们只有在不能依赖已习得的知识和经验时才会使用它。

重复性的任务和不变的任务在未来必然会逐渐减少，我们遵循固定模式而不根据变化进行调整来完成的事情，肯定会交给按照预先设定好的算法和程序工作的机器去做。但是，因为人类具有处理非结构化问题和新情况的能力，所以至少在相当长的时间内，人的工作仍然是不可或缺的。

因此，公司和组织为了长远发展，除了建立针对日常工作所需的快速的、高度自动化的决策体系之外，重点研究处理模糊性的方法也非常有必要。教育系统也必须培养学生面对模糊性问题并保持开放性的思维的能力。

压力扼杀创新

我们避免不确定性的倾向以及摆脱和解决模糊性的倾向在很大程度上取决于我们的外部环境。有研究表明，我们对模糊性的容忍程度取决于我们的情绪状态。当面对压力时，我们往往不太愿意对不同的可能性保持开放的心态。充满压力的环境会驱使我们尽快做出决定，以摆脱当前的困境，我们很可能会迅速选择一个只是暂时性的，并不符合长期利益的解决方案。

在发生自然灾害之后的一段时间里，例如地震、飓风或洪水过后，人们的行为通常会发生显著的变化。根据研究人员的统计数据，灾难过后，结婚、离婚和生育的人数都会明显增加。人们在应对不确定的局面时往往会遇到更多困难，而且很可能会仓促地做出导致严重后果的决定。当突如其来的灾难给人们的生活造成严重破坏之后，模糊性似乎变得更加不可容忍，因此人们往往会通过做出鲁莽的决定来迅速解决眼前的困境。

事实证明，即使是很微小的外部干扰也会影响我们对模糊性的容忍程度，使我们更不愿意对不同的可能性保持开放的心态。在有压力的情况下，我们会更快地诉诸固有的思维模式，并倾向于对复杂的问题给出简单的答案。

　　研究人员进行了一项有趣的实验，他们在法庭陪审团进行审议时制造了一些干扰，这些干扰都是一些很平常的东西，完全不会让人觉得刻意，例如打印机发出的噪声。有两组陪审团分别在两个房间里审议同一案件。结果发现，坐在有噪声房间里的陪审员比在另一个安静的房间里工作的陪审员更快得出了结论。受到噪声干扰的陪审员都不太愿意听取与他们不同的立场和意见，也很难接受对案件的新解释，这当然会对他们的最终结论产生决定性的影响。

谁在我们头脑中做决定

　　设想一下，现在有研究人员邀请你参加一个记忆实验。你的任务很简单，记住一个号码，然后把这个号码从大厦的一端传到另一端的同伴那里。实验组织者在接待室向你口头传达了一个号码，然后你沿着走廊走到大厦的另一端指定的房间，在那里把你听到的号码转达给同伴。当你正在走廊上走着，脑子里竭力不要忘记刚才听到的数字时，一个实验组织者突然拦住你，请你停下来吃点心，让你在诱人的巧克力纸杯蛋糕和低热量的水果沙拉之间做出选择。你选择了一样，然后继续前往指定的房间。

　　当你成功地转达了数字之后，实验组织者才会告诉你，他们对你记忆数字的能力根本不感兴趣，感兴趣的其实是你会如何选择零食。这个实验的主要目的是测试你会选择蛋糕还是水果沙拉。参与实验的志愿者的任务难易程度不同，他们听到的数字并不一样，一些人需要记住一个七位数的数字，而另一些人只需要记住一个两位数的数字。实验结果引人注目，接受更困难任务的参与者中，选择蛋糕的人明显更多。需要记住七位数数字的参与者中有59%的人选择了巧克力纸杯蛋糕；相比之下，需要记住两位数数字的参与者中选择蛋糕的人只有37%。

人们真的会做出理性的决定吗

这个实验和许多类似的实验都是为了观察人们在不同环境下做决定的过程，实验结果表明，我们做决定的时候并不像看起来那么独立自主。从早期的希腊人开始，人类就更愿意相信自由意志的存在。我们对自己怀有一种渴望，渴望自己本质上是理性的人，会在仔细考虑的基础上做出决定，并得到逻辑分析的支持。然而，伴随着这一理想的是一种挥之不去的感觉，我们常常感觉到自己被来自内心和外界的更强大的力量所控制。理性不仅被环境左右，也被我们自己捉摸不透的情感、薄弱的意志和难以控制的欲望所蒙蔽。关于我们如何做出选择的研究提供了一些重要启示，令人信服地揭示了这个问题中一些由来已久的成见。

美国经济学家丹·艾瑞里在他的著作《怪诞行为学：影

响我们决策的隐藏力量》中，分析了《经济学家》杂志的定价方案。这个方案看起来非常荒谬，商家向读者提供了三种订阅方式：第一种是以折扣价获得电子版杂志，第二种是以更高的价格获得纸质版杂志，第三种是以第二种的价格同时获得电子版和纸质版杂志。

自然不会有人选择第二种方案，因为同样的价格可以同时获得电子版和纸质版杂志。那为什么商家会在明知不会有人选择第二种方案的时候还提供单独订阅纸质版杂志的选项呢？研究人员进行的实验给出了解释，实验分为两部分：第一部分向读者提供以上三种订阅方式，有100人参加了实验的第一部分，其中16人选择了电子版，84人选择了同时订阅电子版和纸质版，没有人选择第二种方案，也就是只订阅纸质版。然而在实验的第二部分，没有向读者提供第二种方案，他们只能在第一种和第三种，也就是单独订阅电子版杂志与同时订阅电子版和纸质版杂志之间做出选择。当只有两种选择时，100名参与者中有68人选择了更便宜的电子版，只有32人决定选择更贵的方案，同时订阅电子版和纸质版。

商家提供了一种单独订阅纸质版的方案，但这个方案明显不会产生销售，然而就是通过这个简单的安排，商家成功地吸引大批读者做出了选择更贵方案的决定。单独订阅纸质版这个方案本身就是一个诡计，目的是故意在读者的头脑中制造混乱。商家并没有简单地向读者提供一个便宜的方案和一个更贵的方案，而是给读者设下了一个小圈套，让这个昂贵的方案看起来真的很划算。

实验的两部分之所以会产生非常不同的结果，是因为我们的大脑在分析事物时通常不会评估事物的绝对价值，而是会根据它们的相对价值来做决定。大脑只想知道一个方案和其他可行方案相互比较的情况。

事实上，大脑在赋予事物绝对价值方面的表现非常糟糕。在比较相对价值方面，大脑确实很优秀，然而，这一点正是它最容易被愚弄的地方。这也是为什么许多餐厅的菜单上通常都会有非常昂贵但是很少有人会点的菜，其实这些菜是为了让客人在点了便宜的菜之后感觉更好，因为这样他们就会觉得很划算。

大脑的哪一部分是可信的

科学家发现我们的大脑有两套独立的系统用来做决定。第一个系统是人的思维，通过理性分析给定的情况来工作。我们用这一部分大脑来权衡所有可用的选择，直到找到最好的一个。与此同时，大脑还有另一套决策系统，遗传自我们进化史上的历代祖先，在潜意识层面发挥作用。即使你的大脑非常仔细地分析了各种选项，并审查了最细枝末节的信息，你仍然不会真正意识到这个潜意识决策系统工作的过程，只是简单地觉得某个选择比其他选择更有吸引力。

潜意识决策系统会通过感觉和情绪告诉我们它的倾向，当我们考虑某个单独的方案时，这些感觉和情绪会影响我们的决定。如果某种选择对我们极为不利，我们会从内心感觉到应该决定不这么做。这两种决策系统都有利有弊。正确决策的奥秘就是要知道什么时候应该凭借自己的思维，什么时候应该听从自己的感觉。

荷兰科学家艾普·迪克特赫斯深入观察了人们在宜家商店购买家具时是如何做决定的。他发现，顾客在决定买什么和分析他们的选择上花费的时间越长，就会对最后购买的东西越不满意。几年前，他在《科学》杂志上发表了一篇科学报告，分析了这项针对购物决定的不同寻常的研究。他提出，当涉及需要分析大量数据的复杂决策时，人们依靠自己的直觉会做出更好的选择。在进行较简单的选择时，逻辑分析被证明是更好的策略。

研究表明，一个人要做出正确的决定，就应该选择与传统和常识完全相反的事情。传统智慧告诉我们，在做简单的决定时，我们不应该为了做出正确选择而绞尽脑汁，而应该相信自己的直觉；在做更困难的决定时，我们应该深思熟虑，在全面分析的基础上做决定。然而，迪克特赫斯和其他一些科学家的研究结果却并非如此，他们的结论是，最好的策略和传统智慧恰恰相反。

负责分析的那一部分大脑存在一个很大的问题，它一次只能处理有限数量的信息。根据各种测算结果，人类理性分析的能力在同一时间只能处理5到10个独立单元的数据。当信息量超过这个数字时，理性分析就变得不可靠了，因为大脑在这种情况下会开始归纳和概括，而这可能会导致重要数据的丢失。如果一个人面对的信息量太大，但他仍然试图通过理性分析来做出决定，那往往会做出错误决定，至少是不太理想的决定。

我们在这一篇开头描述的第一个实验中，那些需要记住七位数数字的人会更倾向于选择蛋糕，这是因为他们大脑中负责理性分析的部分被记忆数字的任务占据了，所以他们凭感觉做出了决定，正是这种非理性的感觉促使他们选择了蛋糕。只需要记住两位数数字的参与者则不同，他们用来进行理性分析的那一部分大脑还有足够的空间来思考这两个选项，所以选择了更健康的水果沙拉。

迪克特赫斯认为，当我们处理一个包含4个以上不同变量的问题时，决策的基础从理性到本能的转变可能就已经发生了。他通过研究总结出了这样的基本规则：当你做决定时，如果不需要考虑太多的变量，那就通过理性分析来决策，如果涉及很复杂的情况，那就相信自己的直觉。

对于买一辆新车、一组家具或者一套公寓这样的困难决定，迪克特赫斯给出了这样的建议：最好的策略是首先收集尽可能多的信息，然后让大脑处理一段时间。最好考虑一晚上，第二天再做决定。这样一来，即使依赖直觉，我们也将更有可能做出正确的选择，而且从长远来看，我们会对自己的选择感到更快乐。

意志力与学习力

意志力：一种有限的资源

亨利·莫顿·斯坦利是英国一位颇受争议的非洲冒险家和探险家，他成功的秘诀之一就是对日常事务毫不妥协的态度。他在欧洲的时候，每天早上都要洗脸、刮脸、考究地着装、写日记，在中非的荒野中进行漫长而极具挑战性的探险时，他同样也是每天如此，风雨无阻。在一次穿越热带雨林的任务中，他失去了三分之二的队员，他们死于疲劳、饥饿、疾病和意外。他是探险队中唯一一个历经近1000天艰险的穿越后安全到达目的地的欧洲人。

心理学家罗伊·F.鲍迈斯特在2011年出版的《意志力：重新发现我们最大的力量》一书中谈到，斯坦利在艰苦环境下严格坚持日常事务对他的生存至关重要。因为他知道自己的意志力是一种有限资源，通过严格遵守日程表，他为紧急情况节省了宝贵的精力。尽管他在非洲丛林中刮脸的情景一定非常奇怪，但这给了他力量，让他把意志力引导到最需要的地方，把其他一切事情留给那些由大脑"自动驾驶"的习惯来处理。

斯坦利在19世纪仅凭直觉就知道的这一点，后来被现代的科学实验证实了。无论我们多么努力，我们的意志力储备总是有限的，而且会随着时间的推移慢慢耗尽。就像肌肉一样，我们的自制力也会因为过度使用而精疲力竭。我们今天还知道一点，那就是我们做所有不同的事情都是由同样的意志力在支撑。如果我们把意志力都用在某一个活动上，那就没有剩余的留给其他活动了。例如，我们为了克服身体上的痛苦而付出精神努力，这只能依靠唯一的意志力储备，因此能用于社会活动、情绪自控、实现目标等方面的意志力就减少了。

因为意志力是一种有限资源，所以将我们的长期任务内在化并养成习惯是很有好处的。这样一来，执行这些长期任务就不会使我们对自己行为有限的主动控制力消耗太多。就像冒险家斯坦利一样，成功的作家每天都要按照惯例完成一定数量的写作。尽管这仅仅是一种机械的习惯，但这种习惯可以使作家拥有更多的自由和精力来执行其他创造性的任务。

自我控制：文明的基础

有研究表明，人们在清醒时需要用四分之一的时间来抵制诱惑。这些诱惑中最常见的是食物，其次是睡觉，以及从工作转换到休息和做一些有趣的事情。平均而言，当诱惑出现时，人们只能设法克服其中的一半。

抵御即时诱惑的能力不仅是良好教养的标志，是健康和成功的基石，也是人类文明的基石。早期的农民必须具有强大的意志力，才能克服吃掉他们生产的所有东西的欲望，并储存一些以备不时之需，或为下一茬作物留下种子。除了人类之外，最聪明的灵长类动物最多只能提前20分钟做计划，而且它们不能有意识地做出储存食物的决定，除非这是它们本能的日常行为的一部分。

2010年，一个研究小组发表了一项针对新西兰儿童的大型研究的结果。研究人员对1000名志愿者进行了跟踪调查，时间从他们出生一直到32周岁。事实证明，那些自制力更强的人的生活更健康、更成功，更不可能犯罪入狱。自我控制的力量被证明是在学校取得成功的可靠指标。另一项针对罪犯的研究也证实了这一点，结果表明自控能力较强的人在服刑后再次犯罪的可能性较低。

禁止在公共场合说出一些特定词语似乎是一种不合理的

社会习俗，但这可以被理解为我们能够控制和抑制自身冲动反应的标志。事实证明，在学校里被教导养成正确身体仪态的孩子，在其他活动中也更有能力控制自己。

对人们在不同情况下发挥自我控制能力的研究表明，仅仅是看到一张有吸引力的女性照片，就会降低普通男性的自我控制能力，因此他们会寻求即时的满足，而不是理性地等待更好的选择。这种效果当然对广告大有裨益。

研究人员还描述了决策疲劳现象，这种现象会影响那些需要做出许多决定的人。决策往往会耗尽决策者的意志力，导致他们做出往往会造成丑闻的鲁莽行为。

为了保持我们的自制力，科学家建议我们多吃一些缓慢释放能量的营养物质，为我们的意志力提供稳定的能量供应。不良的饮食习惯会导致恶性循环，我们的意志力很快耗尽，因此无法阻止我们一次吃掉一大块巧克力——阻止这种行为需要一定的自控力，而自控力又需要我们摄入额外的能量。如果我们的身体没有得到适当的营养，我们就不能表达自己的意志——因为要做到这一点，我们必须首先付出一定的努力和精力。

什么是自由意志

近几十年来，许多学术项目都以证明人们并没有真正的自由意志为目标。但这些研究得出的结论往往源于对自由意志的特殊定义，而这些定义与我们日常生活中使用的这个词的含义并不直接对应。自由意志的一个常见的学术定义是：当我们在完全相同的背景下面对两种选择时，我们可以首先选择其中之一，然后选择另一个，那我们就是自由的。我们做决定的方式没有受到任何直接的外部因素影响，我们本身始终是唯一的原因。

然而，在日常生活中发挥一个人的自由意志并不意味着我们在任何时候都可以做任何想做的事情。动物们非常倾向于这么做，这也是所有动物完全正常和自然的反应。但人类能够做出完全违背自身利益的行为。

人类能够通过想象一系列可能发生的未来场景来考虑自己的决定。在做决定时，除了一时的冲动之外，我们还会考虑长远利益。这就是为什么一个饥饿的素食者不会吃排骨，即使他饿得能吃下一整只烤猪，因为他知道这么做是在打破自己的原则，等他的负罪感苏醒时，他会感觉更糟糕。

人类从本质上来说是一种社会动物，生活在遵守一定规则的群体中。为了生活在一起，每个人都要有自我控制的能力，都要抑制一些眼前的欲望。一个人在社会中生活的能力，取决于当自己的需求与社会的公认规则发生冲突时，个人是否有能力控制自己的需求。

一些文化仪式本身往往很不自然，甚至很可笑，但它们的重点是展示成熟的社区成员抑制自己冲动的能力。不同的饮食文化都是人们通过控制属于自然冲动的饥饿来遵循特定习俗的规则，例如素食主义、清真和犹太洁食就是典型的例子。

为了发挥自由意志，我们首先必须遵守规则，这些规则要么是我们自己制定的，要么是别人制定的。从这个意义上来说，规则是社会、个人和公共的规范，它可能会与个人的即时需求和欲望形成反差。当我们停止纯粹与生俱来的冲动并开始遵循规则时，我们就可以获得自由。因此，自由实际上是指我们可以通过精神力量有选择地控制自己的冲动反应。

自控力的"肌肉"

当生存受到威胁时，我们所有的精力和注意力都会集中在那个特定的短暂时刻，以避免即将到来的危险。"压力"一词指的是一种生物机制，它会触发身体对威胁的快速反应，让我们准备战斗或逃跑。无论触发这种预警的实际原因是什么，我们的身体总是会以同样的方式做出反应。为了让我们在自我保护的关键时刻尽可能高效，所有能量效率低下的身体功能都将被关闭，一切身体活动要么让位于尽快逃离，要么进入完全麻木的状态，等待危险过去。

凯利·麦格尼格尔博士在2011年出版了她的著作《意志力本能：自控力的运作机制，自控力的重要性，你应该如何获得更多的自控力》（下面简称为《意志力本能》），书中阐述了一个科学家团队描述的一种与压力反应相反的身体机制。这种机制可以被理解为"等待和思考"，是"战斗或逃跑"这

Johann Walter Bantz 供图

种本能的压力反应的对立面。"战斗或逃跑"迫使我们本能地对危险做出反应，而不是浪费宝贵的时间思考当前情况；而"等待和思考"恰恰相反，能让我们在面对危险时重新获得自控力，思考我们接下来应该怎么做。压力反应会提高我们的心率，为身体行动做好准备，而等待和思考系统会让我们平静下来，它会刺激我们负责自控力的大脑区域，而不是激活肌肉。

然而，如果压力是由外部危险引发的，那么等待和思考的反应通常会表现为我们内心的冲突，也就是在采取立即缓解危险的行动和遵循长远看来效果更好的策略之间做出选择。关于这一点，我们可以找到非常好的例子，例如当我们完全意识到吸烟是多么不健康的同时却渴望吸烟，或者当我们知道自己应该工作的时候却想看电视。这种熟悉的内心冲突的感觉触发了一种生理机制，它能提供暂时的缓解，帮助我们做出正确的决定——去做从长远来看更有利的事情。事实上，等待和思考机制抵御的主要敌人就是我们自己。

呼吸性窦性心律不齐

事实证明，观察等待和思考反应最可靠的科学方法就是测量呼吸性窦性心律不齐，这是一种人体在一个呼吸周期中发生的心率变异。

完全稳定的心跳通常是压力的标志，这听起来可能会让我们觉得很奇怪。当"战斗或逃跑"反应被激发时，我们的脉搏会加快，但它的变异性会下降。脉搏频率的适度变化是一种迹象，表明心脏不完全由能让我们的身体为行动做好准备的交感神经系统控制，这时候控制心脏的主要是能让我们的身体平静下来的副交感神经系统。

当我们吸气时，胸部的压力会下降，从而降低我们的血压，血压下降又会导致心率自动变快，以补偿突如其来的血压下降。几秒钟后，另一种控制和调节机制又被触发，于是心率又减缓下来。

与呼吸相关的心率变异性水平是判断自控力强弱的一个非常好的间接指标。如果你的心率变异性高，那就意味着你没什么压力，有足够的自控力储备，可以有效控制自己。研究人员进行了一系列实验，结果表明，通过测量心率变异性可以预测，在众多参与者中，谁是最能抵抗诱惑的人。其中一组实验是将一瓶葡萄酒放到酗酒者面前，心率变异性更高的酗酒者往往比那些心率变异性较低的酗酒者更能抵抗诱惑。

在美国"9·11"恐怖袭击之后，研究人员发现美国人的平均心率变异性发生了明显下降。在2008年金融危机爆发期间，研究人员也观察到了类似的现象。没有什么会比压力更快地耗尽自控力的储备，因为对压力的生理反应和自控力是不相容的。面对压力的本能反应会将原本为长期计划服务的能量重新定向到快速反应机制，也就是用原本负责自控力的能力来为身体做好立刻行动的准备。

有限的自制力储备

在前额叶皮层的进化历史中，它几乎一直负责控制人体的物理运动。大脑的这部分最终变得相当大，并开始接管其他功能。

现在我们都知道，前额叶皮层不仅控制着行为，还控制着思想、情绪和注意力的持续时间。前额叶皮层是大脑的一个区域，它会促使我们去做一些当前看起来困难，但会带来长期好处的事情。例如，当我们经过一家面包店时，空气中弥漫着新鲜烘焙的食物好闻的味道，我们通常希望能马上吃一些，但前额叶皮层告诉我们这可能不是一个好主意，因为我们已经决定坚持更健康的饮食习惯。

然而应该指出的是，我们的自制力储备是有限的，很容易就会耗尽。我们可以把大脑的自我控制功能想象成一块肌肉，如果我们保持良好的状态，它会非常有用，但如果超负荷运转，它就会完全崩溃——就像我们的腿部肌肉在跑步太长时间之后一样。

因为自我控制机制需要消耗大量能量，所以我们的能量储备很快就会耗尽。在志愿者中进行的实验证明，我们控制自己的能力还取决于我们的血糖水平。如果血糖水平下降，大脑会自动关闭能量效率低下的区域。因此，如果我们在饥饿的时候变得情绪化，不必感到奇怪——这是我们由于缺乏能量而失去自控力的表现。这就是为什么我们应该吃那些消化缓慢、逐渐释放营养物质的食物，以保持有规律地为大脑供应能量。

《意志力本能》的作者凯利·麦格尼格尔博士提出了一种针对大脑前额叶区域的有效训练方法。如果我们每天花几分钟专注于我们的呼吸，就能促进血液流向前额叶区域，达到增强自控力"肌肉"的效果，保护我们免受慢性压力的有害影响。

自控力也可以通过承担定期的责任来提高。研究人员通过实验证明，被给予额外任务的一组自控力测试志愿者——例如如果他们惯用右手就让他们用左手吃饭——在面对即时满足或直接诱惑时不容易屈服。这组成员更善于控制自己，以实现长期目标。

在拉丁美洲的一项社会帮助计划取得了非凡的成功，可能也应该归功于这种对大脑自控力"肌肉"的间接调节。这项帮助穷人的政策在巴西被称为"家庭补助金计划"，在墨西哥被称为"机会项目"，简单来说就是有条件的社会援助。其背后的理念很简单，以母亲为代表的贫困家庭，如果他们坚持遵守某些特定的条件，就会获得现金或银行转账形式的经济支持。在巴西，孩子们被要求上学并定期体检，母亲们被要求参加家政课程，学习更多关于健康饮食习惯和卫生习惯的知识。

近年来，关于在欧洲实施全民基本收入政策的讨论是一个热门话题，这将确保每个公民每月都能获得固定的津贴。尽管这种由政府主导的定期帮助或许在一定程度上可以保护社会中最弱势的群体免受苦难，但如果我们在前文中讨论的神经科学发现是正确的，那这似乎就不是系统改善社会失衡的最佳策略，因为它忽略了调节人们的自控力"肌肉"以确保社会健康发展的重要性。

思考：快与慢

　　心理学家、诺贝尔经济学奖得主丹尼尔·卡尼曼在2011年出版了一部名为《思考：快与慢》的著作，书中介绍了在以色列进行的一个有趣的实验。研究人员花了10个月的时间研究8名假释法官的工作。他们在此期间审查了1112份假释申请，每次审议的平均时间为6分钟，其中35%的申请被批准。

　　除了其他可变因素外，研究人员还研究了法官的审议过程与他们做出决定的时间之间的关系，得出的结论令人非常惊奇。当研究人员画出被批准的申请数量与时间的关系图表时，所有人都很清楚地看出，法官们更有可能在饭后立即审理的案件中裁定假释，65%的假释批准是在法官吃完饭之后做出的，但他们的这种宽大态度很快就开始减弱，然后在下一次用餐时几乎完全消失。

对于这一结果，研究人员研究了所有可能的解释，最后得出了结论，最明显的解释被证明是最有可能的：当感到饥饿和疲劳时，法官们倾向于做出批准假释和拒绝假释这两个决定中对他们来说更简单的一个——拒绝假释。

佛罗里达效应

卡尼曼在他的新书中还描述了另一个实验，一组美国学生被要求从一些单词列表中选择4个单词组成一个句子。这些学生没有意识到，其中一半人拿到的单词列表都与"老年"有关，例如皱纹、秃头、灰色、健忘、佛罗里达等——佛罗里达是美国退休人员养老的首选地。当他们完成任务的第一部分也就是造句时，会被通知立即前往大楼另一端的办公室继续第二部分实验。

他们并不知道，前往大楼另一端的办公室实际上才是真正的实验——因为研究人员的主要目标是测算学生们选词后会以多快的速度到达另一间办公室。结果发现，那些用能唤起"老年"记忆的词语造句的学生比那些用"中性"词语造句的学生走得更慢，走到大楼的另一端所花的时间也更多。研究人员将这项实验结果命名为"佛罗里达效应"。

同样有趣的是，只有在参与者没有意识到他们被设计的情况下，这种效应才会发生。当学生们后来被问及在选择词汇时重复出现的主题时，他们坚持认为实验第一部分的词汇对他们随后的行为没有任何影响。词汇与"老年"相关并不是他们在实验中会有意识考虑的问题，但仍然对他们的行为产生了深远的影响。

人们后来发现，思想和实践之间是一条双向通道。不仅思想会影响实践，实践也会指导思想。正是在这种情况下，测试组中拿到"老年"词汇的学生以老年人的典型速度步行了5分钟。随后，研究人员还测试了他们识别特定单词的速度。结果发现，以较慢速度行走的一组学生识别出"老年"相关词语的速度比以正常速度行走的一组更快。这种联系是双向的，无论你有意识或无意识地想到变老，都会让你表现得好像你已经老了；同样，如果你表现得好像你已经老了，你就会不自觉地想到变老。研究人员在许多不同案例中都观察到了这种类似的思想和行为的交叉催生，这被证明是非常有利的营销策略。

有一项研究表明，当房间里的某样东西让实验参与者想到钱时，例如在墙上贴一张钞票，那么实验参与者在处理复杂任务时就会变得更固执。一个触发无意识的金钱概念的信号会导致参与者产生更强烈的个人主义倾向，还会导致他不愿意与其他参与者合作。

英国一所大学的小厨房里进行的一项实验也非常有趣。厨房管理员免费向大家提供咖啡、茶等物品，同时放了一个存钱罐，接收大家的自愿捐款。几个星期以来，研究人员一直在系统地更换挂在厨房入口处冰箱上方的一幅画。第一个星期，他们贴了一张花的照片，第二个星期又把它换成了一张人脸的剪纸，上面只有一双眼睛，直视着走进厨房的人。当鲜花被凝视的眼睛取代后，存钱罐里的钱明显变多了。这种现象不足为奇，被监视的感觉会让我们表现得更好。

大脑系统：快和慢

上述实验只是科研人员近几十年来进行的大量类似研究中的一小部分，这些研究使我们开始在日常生活中使用一些基于最新的科学发现的认知模型。我们可以用同时独立存在于我们头脑中的两种思维机制来描述这个新的模型。卡尼曼将它们称为系统一和系统二，也就是直觉系统和理性系统。

直觉系统可以描述为一个无意识的自动驾驶仪，它在大多数时候都会指导我们的行动。直觉系统的影响力被证明比我们通常承认或意识到的更大，它几乎是我们所有决定的初始动力。直觉系统快速而自动地运作，不需要任何明显的努力，也不需要我们意识到正在发生什么，而理性系统的激活则需要我们产生定向注意力和有意识的努力。两个系统都在持续运转，但理性系统通常维持在最低水平，因为它容易浪费大量的能量。为了节约能量，理性系统天生懒惰，更倾向于不参与自动驾驶的决定，除非它被强迫参与。

科研人员已经证明，两个系统之间的任务分配非常有效。当我们的意识会接受直觉系统的建议时，我们不会进行任何思考，也不会察觉到做出的决定是预先设想的。无意识的直觉系统不断以电信号的形式向有意识的理性系统发送信息，我们会将这些电信号识别为与特定情况无关的情绪。这些直觉的指引往往是无意识的，但对我们的正常官能却至关重要。当直觉系统遇到问题，无法做出决定时，激活理性系统就会带来帮助。这种情况通常发生在我们大脑中的自动驾驶仪没有做好准备，或者没有对当前特定事件预先设定好处理程序的时候。理性系统启动的最明显迹象是瞳孔放大。

直觉系统的另一个特点是无法关闭，它始终保持着活跃，无论我们喜欢与否。大多数不寻常的结果都是由直觉系统引导的无意识行为所导致的。鉴于我们容易被直觉系统的自动驾驶仪欺骗，因此更应该激活理性系统，对这两个系统进行一些预防性的了解将大有裨益。当我们把注意力集中在理性系统执行的某个特定任务上时，我们感知周围情况的能力就会受到限制，感知的范围也会缩小。从古至今，各种各样的骗子都是利用这种效应，他们故意转移我们的注意力，让他们的骗局不被发现。

检验你自己的系统

为了让我们把所有这些知识结合起来产生一个全面的理解，一个简单的实验可以帮助我们检验理性系统的激活速率。请你试着尽快解答下面的问题：一个棒球棒和一个棒球总共花费1美元10美分，球棒比球贵1美元，这个球多少钱？

你首先想到的是什么价格？你的直觉给出的解决方案是什么？当然是10美分。不幸的是，你的自动驾驶仪给出的答案并不正确。尽管结果是错的，我们直觉上却认为这个答案是正确的。如果你回答"10美分"，那就意味着你根本没有激活你的理性系统，否则你会通过数学计算来检查结果。研究人员在大量美国学生身上进行了这个实验，结果令人震惊。哈佛大学、麻省理工学院、普林斯顿大学等世界顶尖名校的学生有一半以上回答错误，而排名靠后的大学的学生错误率竟高达80%。

为什么人类是优秀的阅读者

阅读和写作其实是出现相对较晚的发明，不过数千年历史而已，而且在世界上某些地方，阅读和写作的历史恐怕只有短短几百年。人类可以轻松地阅读和写字，这似乎是本能使然，然而我们在阅读、写字时使用的眼睛和大脑与我们古代不识字的祖先完全一样。阅读并不是人类大脑的进化特征——如果是的话，那么史前的智人应该也拥有阅读能力。所以有人会觉得现代人类是如此优秀的阅读者这一事实显得有些神秘。

当我们阅读时，其实并没有注意到单个的字母，因为我们会把书面的词语和句子无意识地转化为脑海中的图像。如果我们读到一本写得很精彩的小说，就会完全沉浸在故事情节中，而这些情节都浮现在眼前，就像看电影一样。当然，写出一本好书还需要另一个重要因素，那就是能营造出良好氛围的流畅文字。但这种流畅性必须是自然而然的，不能有任何有意识的强迫性干预。作为阅读者，我们通常都不会意识到，我们的眼睛只是记录了一系列的符号，然后这些符号又被我们的大脑翻译成对应的含义，这个过程就好像作者在我们耳边低语一样。

在进化过程中，人类开始逐渐通过说话来交流，因此从生物学的角度来说，我们变得习惯于说话，但这样的推论并不适用于阅读和写作。美国科学家马克·常逸梓在他的著作《视觉大革命：颠覆人类观念的视觉大发现》中讨论了人类适应史上关于阅读的悖论。

孩子们的涂鸦，文字的起源

在20世纪中叶，儿童心理学研究者罗达·凯洛格发现，来自世界各地不同文化的同龄儿童画的画都很相似。人类进化和适应的目的显然不是画画，所以根据常逸梓的观点，凯洛格最重要的研究成果是证明孩子们拥有一种通用的方法来学习用笔和纸进行最大程度的交流。当孩子们画画的时候，他们其实是在创作一些符号，他们认为这些符号就是象征身边各种事物的视觉形象。

我们要记住的关键词是"象征"，孩子们在绘画中创作的符号是用来"代表"他们看到或想到的事物，而不是完美地描述或表现那个事物。正如人们所预料的那样，来自世界上不同地方的孩子们画的画尽管很相似，但不会完全一样，即使他们画的是猫、狗这些最常见的动物，也会存在一些差异。拥有自己独有风格的元素非常重要，事实上，来自不同文化的艺术风格总是会存在一些差异，就像来自不同地方的孩子们画的画一样。

儿童绘画都有一个共同点，那就是它们首先是符号，而不是对事物的真实再现。因此，孩子们的绘画其实是一种试图用图形符号描述一个故事的行为。它们是真实事物的非写实风格的版本，符合孩子们描述故事的需要，而不是要表现真实事物的准确形象，这一点和卡通漫画很像，当然，卡通漫画本身就是儿童绘画的一种升级。

　　然而，孩子们在绘画中形成的符号交流谈不上很有效。这种方式的"写作"存在一些明显的问题和缺陷，它不够全面，无法涵盖语言词汇中所有的词语。要想通过符号实现有效的交流恐怕需要数万种不同的符号，而这实际上显然是不可能的。另外，人类的视觉系统在分析图像时需要经过几个连续的阶段和步骤，这也导致符号交流的效率不会太高。人类的大脑首先会分析简单特征和图形元素，然后专注于分析

这些元素之间的关系，在这些分步骤分析的最后阶段，大脑才会构建出我们最终感知到的对象。

对象识别机制

人类天生就拥有一种完善的对象识别机制，我们的大脑已经发展出了高效识别外部世界不同元素的能力。大脑总是试图将我们感知到的任何图像解读为我们已经熟悉的图像。因此，我们也总是试图从既有认知的角度来看待事物。大脑对眼前的视觉元素的最初分析是在我们意识不到的状态下进行的，只有能被大脑理解为完全识别的事物才能被我们感知。

根据常逸梓的理论，文字系统就是基于这种人类与生俱来的识别机制，他认为不同文字系统的字母都是根据同一个原则创造出来的，即所有字母都尽可能与大脑用来识别事物的基本图形元素相对应。对大脑来说，字母就像是组成被识别对象的零件，它会把这些零件组合在一起并加以解读，从而形成可理解的对象。词语就是由这些小零件组成的对象。大脑识别和解读图像的能力推动了整个阅读过程。当我们阅读文字时，这种识别能力被赋予了一种新的目的，我们不是去感知一个被大脑识别为已经熟悉的事物，而是将一个图形符号与它所代表的含义关联在一起。就像我们的大脑先分析对象的各个组成部分，然后识别对象本身一样，我们也会下意识地识别单个字母并将它们组成词语，然后直接关联到它们的含义。

字母的形式不是随机的

如果一些简单的文字系统中词语的写法和一些真实事物类似，那么字母作为更小的组成部分就一定和大脑从那些真实事物中识别出的视觉元素类似。这种原则在实际操作中会导致很多问题。首先，它对文字系统所能表达的含义设置了严格的限制——例如我们应该如何书写一个和抽象概念"类似"的符号呢？另外，它对普通作者和读者的文字技能要求太过苛刻。因为许多事物用图形的形式表现起来都很复杂，因此也很难识别。只有能被大脑解读和识别视觉信息功能轻松快速处理的文字才是成功和有效的。

世界上大部分地区的语言在发展过程中都顺利解决了上面这些问题。今天我们知道的大多数文字系统都是基于书面语，这大大减少了我们必须使用的文字符号的数量，因为一种语言通常只有几十个不同的音素，而这些音素基本上都能和这种语言使用的字母表中的字母相对应。在和大脑从真实事物中识别出的视觉元素类似这方面，文字符号只保留了最基本的相似性，就像儿童绘画一样，这种最低限度的相似性在任何情况下绝对都是非写实的。不过某些字母的使用频率确实和它们对应的视觉元素在我们周围被识别的频率存在一定的联系。例如，物体的外形和它们的交叉点经常会呈现出类似字母"T"、"L"和"K"的形状，但是类似字母"X"的情况很少出现，所以字母"X"在文字系统中出现得相对较少，而字母"T"、"L"和"K"则十分常见。

常逸梓对世界各地不同文化历史上各种不同类型的文字系统进行了分析，意识到所有文字系统中都有一些类似的基本结构，因此这些结构可以说是通用的。他发现，自然界中更常见的事物在人类的图形符号中也有更好的表达。

他深入探索了如何才能将大脑卓越的视觉信号分析能力应用在其他方面。我们可以本能地识别周围的物体，这毫不费力，但有些任务则要求更高。如果我们可以将一道非常难的数学题转换成一幅图像，通过大脑解读和识别图像的能力，我们只需要看一眼就能知道答案，这简直是个绝妙的主意。很多现代化程序中都应用了这种大脑在识别图形符号方面的多功能性。

验证码系统是互联网上用于身份验证的一种程序，它会要求网站用户识别屏幕上显示的模糊或者扭曲的字符，这个过程精准地利用了大脑解读和识别图像的能力。到目前为止，还没有人工智能可以达到普通人类的视觉识别能力。因此我们可以得出结论，这种使我们能够识别物体和解读文字的能力是人类大脑的一个决定性特征。

是什么造就了好的学习者

日本心理学家榊原彩子在东京一所私立音乐学校的学生中进行了一项有趣的实验。2014年，她在《音乐心理学》杂志上发表了实验结果，证明绝对音高不是一种天生的能力，而是经过专门的系统训练的结果。绝对音高是指人在没有标准音参照的情况下，能够对所听到的乐音音高进行准确分类的能力，平均只有不到0.1%的人拥有这种对声音的实际音高的感受能力。参加实验的24名儿童的年龄从2岁到6岁，榊原彩子让他们每天进行4到5次专门针对发展绝对音高的特定练习。

因为拥有绝对音高的人如此罕见，所以音乐老师们一直认为绝对音高是一种与生俱来的生理天赋，只有极少数人才有这种幸运。然而，榊原彩子在日本音乐学校的实验证明，6岁以下的儿童可以通过系统性强化训练的帮助发展绝对音高。

在实验之前，榊原彩子首先让家长们对家里的钢琴进行了特别调音，并准备一些与琴键音符相对应的彩色小旗。然后榊原彩子设定了一组固定的和弦，让家长们每天都弹几次，每次几分钟，孩子们要在听到每个音符的时候举起对应颜色的小旗。每个孩子每天大约有100次机会来识别这组和弦，通过这种方式，孩子们系统地学会了识别这组和弦和其中每一个音符的音调。孩子们开始认识一些新的基本和弦，然后逐渐加入更多的和弦。他们以不同的速度学习，有些人训练了一年半，有些人训练的时间则较短。

实验的结果令人惊讶，除了两个因为与音乐无关的原因退出的孩子之外，每个参加训练的孩子最终都发展出了绝对音高。榊原彩子发表的《绝对音高习得过程的纵向研究：用"和弦识别法"训练的实践报告》可以在2014年1月出版的第42卷《音乐心理学》杂志上找到，在 doi.org/10.1177/0305735612463948 这个网址上也能找到。

光有努力还不够

人类的大脑具有令人难以置信的学习和适应能力。通过正确的练习和足够的坚持，我们的大脑可以学会许多看起来难以学会的东西。然而，学会一种新技能的关键不仅仅是积极性和毅力，还有一个非常重要的因素是我们使用的方法。在理想的情况下，正确的方法能够不断推动学习者走出他们的舒适区，确保他们获得或许不算很快但很稳定的进步。

一旦我们意识到天才不是天生的，而是通过努力和毅力后天培养出来的，我们接下来需要做的事情就是确保我们的学习方式能够帮助我们进步和提高。简单认为一个人坚持不懈下苦功就能成功的想法并不正确，光有努力还不够。训练必须以正确的方式进行。那到底应该怎么做呢？

美国心理学家安德斯·艾利克森花了几十年时间试图建立一套系统的训练程序，他被认为是获取技能和知识的过程方面的重要专家。他在2016年与普尔合作出版的《峰值：学习新的专门技能的秘密》①一书中详细介绍了帮助普通学习者提高和发展特定技能的方法。

为了证明通过系统、稳定和精心计划的训练可以达到的效果，他首先驳斥了短期记忆只能记住6到7个随机数字这种根深蒂固的观点，他认为人类可以达到的短期记忆峰值远不止于此。众所周知，我们记住别人的电话号码比记住自己的信用卡号码要容易得多，因为信用卡号码比电话号码长得多。

---

① 中文简体字版名叫《刻意练习：如何从新手到大师》。

一般人平均能在短时间内记住6到7个随机数字，这被认为是我们短期记忆的极限。但艾利克森通过实验证明，我们可以通过持续练习大大提高这个极限。艾利克森邀请一个学生来进行记住随机数字的训练。他口述一串数字，每个数字间隔1秒，让这个学生尝试复述。他们从6个数字开始，然后慢慢增加。

经过4次每次1小时的练习，这个学生成功地连续复述了7个数字，有时还可以复述8个或9个，但从未正确复述出10个数字。当时这个学生认为这就是自己的大脑短期记忆的峰值了，但事实证明这远远不是。经过60次练习后，这个学生可以轻松复述20个数字；100次练习后，他可以复述40个数字。艾利克森和这个学生将训练坚持了2年，在做了200多次练习后，这个学生竟然能复述出一串长达82个数字的随机数列。

成为好的学习者的关键

艾利克森认为，正确的练习方法关键在于系统地建立和改进我们头脑中与正在试图学习的技能的特定性质或类型相对应的印象，例如我们在学习世界地理时，大脑其实是在构建一幅关于地理印象的"图表"或"示意图"。大脑对某项任务或某个知识领域构建出的图表越成熟、越有条理，我们在这些方面就会变得越熟练，在解决相应问题时对接收到的信息也会反应得越快。

我们每个人其实都在使用这样的图表，专家们似乎在某些领域具有特殊的天赋，但唯一的原因只是他们仔细研究过这些领域，并在大脑中构建出了更成熟、更有条理的图表而已。心理图表的意义在于，我们使用它们来快速处理大量信息。

大脑中这些特定的图表最重要的意义在于我们可以通过它们来快速处理大量信息。图表增加了我们能够理解和响应的信息量，也减少了我们理解和响应所需的时间。因此，当我们在大脑中形成有效而完备的图表时，我们就能获得选出正确答案的直觉能力，因为图表大大减少了我们理解和响应所需的时间，甚至减少到我们自己都意识不到的程度，这意味着我们已经学会了在面对特定的复杂问题和挑战时如何迅速做出正确的反应。

音乐、学术、体育等方面都适用这一原则。优秀的运动员反应更快，这是因为他们大脑中某项运动的图表更复杂、更发达。例如，研究人员发现优秀的足球运动员在观看足球比赛的片段时，总是能更好地预测比赛的走向。他们对球场上特定情况可能带来的选项具有敏锐的洞察力，因此他们能够更快地判断出电视中的球员应该出现在哪里或者应该给谁传球，如果传球是最好的选择，他们显然不需要思考就能做出这个判断。优秀的攀岩运动员也是一样。每个人攀岩时都只能通过观察岩壁来预测每次出手的抓附力，普通人常常需要伸出手去进行实际的尝试才

能确定这一步是否正确；但我们经常看到富有经验的攀岩者似乎很少有意识地思考岩壁上哪些点最适合攀登，他们的动作总是很快很连贯，这是因为他们大脑中关于攀岩的图表很快就自动计算出了攀爬过程中某一点所需的抓附力和动作类型。

为什么方法很重要

艾利克森的研究非常有启发性。现在我们知道，要想有

效地学习，光有努力还不够，除了积极性和意志力之外，我们还需要大脑中有效的图表和一种能够使我们稳步前进的方法。我们可以尝试自己来寻找它们，但就像艾利克森的学生在他的帮助下记住惊人的82个数字这个案例告诉我们的一样，得到一位好老师或好教练的帮助会事半功倍。

20世纪20年代，芬兰长跑运动员帕沃·鲁米曾3次参加奥运会，共获得9枚金牌，是奥运会历史上获得金牌数最多的田径运动员。他被誉为"芬兰飞人"，在职业生涯内曾22次打破世界纪录，人们在相当长一段时间里都认为他在长跑项目上完全是不可战胜的。鲁米的成功主要应该归功于他自己开发出的间歇训练法。他一整年都在训练，从不休息，每次跑步都带着秒表，机体始终处于不完全恢复状态。鲁米的创新使他能够一直保持对竞争对手的领先地位。后来其他运动员也采用了鲁米的训练方法，并慢慢赶上了他，这充分说明了方法的重要性。在随后的几十年里，体育训练发展得越来越先进，我们可以看到，在绝大多数体育项目中，现在的运动员往往能够取得比以前的运动员更好的成绩。

今天的许多老师仍然抱有一些很传统的教育理念，认为只要给学生信息，他们就可以自己把这些信息转化为有用的知识，并且在大脑中构建出有效的图表。事实上大多数学生都很难做到，老师的工作应该是帮助学生组织他们的思想，帮助他们在脑海中制定有效的图表，帮助他们发展有效的学习技巧和方法。音乐教师、舞蹈教师和体育教练在这方面的意识通常更强一些，而文化课教师和大学教授可能需要转变教育理念，他们似乎还有很长的路要走。

如何培养一个天才

匈牙利发展心理学家拉斯洛·波尔加曾对名人传记进行过专门的研究，结果表明，历史上因为在科学、艺术或体育方面取得杰出成就而举世闻名的人，其成功有一条线索，那就是他们对某种特殊技能的早期系统发展，正是这些特殊技能使他们在后来的人生中享誉世界。波尔加根据他的发现写了许多东西，其中包括一本名为《培养天才》的书，他在书中坚持认为，天才是通过长时间系统的努力创造出来的，而不是与生俱来的天赋。20世纪60年代，他的想法遭到了强烈的质疑，因此他决定进行一项实验。

波尔加与来自乌克兰的年轻教师克拉拉通信，两人就他这种当时被视为非传统的想法进行了交流。克拉拉一开始对他培养天才的理论并不太感兴趣，但最终被他的魅力所折服，并很快嫁给了他。他们一起搬到了布达佩斯。1969年4月19

日，他们的第一个女儿苏珊在那里出生，那天正好是他们结婚两周年的纪念日。

波尔加一家

为了证明波尔加关于天才是后天培养而非天赋的假设，他需要达成一项很有分量的成就，一项足以让最顽固的怀疑论者信服的成就。经过深思熟虑，他决定选择国际象棋，因为与别的艺术相比，国际象棋水平是很容易衡量的。他自己只是个业余棋手，而克拉拉根本不会下棋，所以他的第一步就是系统分析有关国际象棋和教学的文献。他通过讲故事和做游戏慢慢让小苏珊接触国际象棋的天地，并使她从童年开始就对与国际象棋有关的一切产生了浓厚的兴趣。

苏珊的游戏时间就是下棋，她从不觉得学习国际象棋的策略和走法是一种负担。她有一种强烈的内在动力，而这种动力只是出于父亲的引导，但父亲从不强迫她做任何她不想做的事情。她后来回忆说，从她很小的时候开始，国际象棋对她来说就是一种乐趣和游戏。

当苏珊的父亲第一次带她去参加国际象棋比赛时，她还不到5岁。直到她自信地开始用自己的小手指在棋盘上移动棋子，人们才开始认真对待这个小女孩。在布达佩斯举行的国际象棋青少年锦标赛上，她所有对手的年龄都比她大不少，而她几乎都够不到桌子上的棋盘，却以不败的战绩赢得了这次锦标赛。这个小棋手的胜利引起了轰动。

1974年，波尔加和克拉拉迎来了他们的第二个女儿索菲亚，后来又有了第三个女儿朱迪特。苏珊的两个妹妹也对国际象棋表现出极大兴趣，她们都以自己的姐姐苏珊为榜样。在接下来的几十年里，波尔加三姐妹完成了国际象棋棋手可以赢得的一切。1984年，苏珊赢得了世界最佳棋手的称号。1991年，她成为历史上第一个被授予国际象棋特级大师头衔的女性棋手。然而不幸的是，在她的职业生涯中，她也遇到了许多障碍，最明显的是由于性别原因，尽管她成功获得了参赛资格，但还是没有被允许参加国际象棋世界锦标赛。经过与官僚主义的长期斗争，世界国际象棋协会的官员们最终做出了让步，同意女性棋手在平等的条件下与男性棋手竞赛。这一转变应该完全归功于苏珊。

1989年，苏珊的妹妹索菲亚在罗马举行的国际象棋世界锦标赛上接连获胜，她击败了当时国际象棋界的一些著名棋手，从此被载入国际象棋的历史。解说员把她的胜利列为国际象棋史上最伟大的成就之一。1991年，波尔加三姐妹中最小的朱迪特15岁，她在与斯帕斯基、卡尔波夫、卡斯帕罗夫、托帕洛夫、阿南德等著名棋手的比赛中都取得了胜利，并一跃成为国际象棋历史上最年轻的特级大师。今天，朱迪特被认为是有史以来最强的女棋手，她也是历史上第一位进入世界排名前十的女性棋手。

波尔加一家人不同寻常的家庭实验使人们心驰神往，但这并没有证明波尔加想要证明的结论。人们现在仍然普遍认为，人类的伟大成就是天赋的结果，而不是靠系统的努力。人们相信波尔加三姐妹是天生的国际象棋奇才，尽管她们的父亲一直声称女儿们的天赋发展比较缓慢，而她们的成功应该归功于年复一年的努力。事实上，波尔加从未承认过女儿们的天赋就是天生的。

音乐大师的秘密

1991年，美国心理学家安德斯·艾利克森对一个人如何才能取得最高成就产生了浓厚的兴趣，他利用所有可用的科学方法就这一课题展开了广泛的研究。艾利克森选择柏林音乐学院的学生作为研究样本，根据这些学生过去的成绩和教授的建议，将他们分成三个不同的组。第一组由即将成为杰出独奏家的顶级音乐家组成，他们被认为是最有才华的。第二组由非常优秀的音乐家组成，但距离成为伟大艺术家尚有欠缺，他们很有希望在世界一流的交响乐团中占据一席之地，但没有人会期望他们成为杰出的独奏家。第三组大概是这些人中才华最普通的音乐家，人们对他们的期望是在音乐教学事业上赢得声誉。

在对这些学生进行了一些关于他们的人生抉择和日常生活的采访后，艾利克森得出的结论是这三组学生在这些方面并没有太大差异。他们之中的大多数人都是从8岁开始演奏乐器，并在15岁之前决定成为专业音乐家。尽管艾利克森很可能并不知道波尔加的理论和家庭实验，但他也惊奇地发现三组学生之间的关键差异在于后天的努力，这一点似乎与波尔加殊途同归。最有才华的学生，也就是分在第一组的学生，都在20岁之前花了大约1万个小时来练习乐器，比第二组学生的平均练习时间多出2000个小时，比被认为天赋最普通的第三组学生的平均练习时间多出6000个小时。

分析结果表明，没有一个学生能在练习量低于被认为是最有才华的学生的情况下达到第一组的标准，同时也没有一个学生在练习1万个小时以上的情况下却不在第一组之列。通过这种更可靠的科学方法，艾利克森得出的结论与波尔加更早之前得出的结论相同：只有系统的长期实践才是最优秀的人才与一般专业人士的分野。

人们现在逐渐明确地认识到，一个人至少需要花费1万个小时的努力来获得在某一门科学、艺术或体育方面的复杂技能，而后才能成为这个领域的专家。通过分析在职的科学家和艺术家，我们已经可以确定，从他们第一次取得成果到取得最大成就，平均需要10年的系统工作。虽然这些研究对象在某个单一领域系统的工作时间很难达到一年1000个小时，但这项研究结果仍然与成为某个领域的专家需要1万个小时的实践这一规则是一致的。

天赋会有害处吗

斯坦福大学心理学教授卡罗尔·德韦克在她2006年出版的《心态：成功的新心理学》一书中指出，人们通常会用两种方式来解释自己的成就和能力。她认为相信天赋和智力的人的心态比较固定，而那些倾向于相信环境和系统性工作作用的人则拥有"成长型"心态。

德韦克通过大量研究证明，固定的心态可能会在天赋方面产生适得其反的影响。因为我们在学习和提升自己的知识时会有一种倾向，那就是试图解决比我们已经能解决的问题稍微复杂一些的问题，所以我们注定会遭遇失败。我们只有通过多次尝试才能获得一项新的技能，而大多数尝试都会失败。但如果我们害怕失败，我们就不能进步，因为失败是成功之母。

　　坚信天赋存在的人有一个问题，那就是他们错误地认为失败标志着他们正在失去自己拥有的天赋。这就是为什么他们会害怕失败，为什么他们的发展最终会停滞不前。另一方面，那些拥有成长型心态的人仅仅将天赋视为持续学习和体验新事物的动力，他们不会害怕失败，因为他们认为失败对自己的成长和发展至关重要。害怕失败的人将永远无法取得卓越的成就，这就是为什么表扬孩子的天赋和智力会损害他们的动机。我们不应该因为自己拥有的天赋而获得赞扬，努力工作和为成功献身的精神才是真正值得赞扬的品质。

婴儿如何学习语言

众所周知，日语中没有翘舌音。一个母语是日语的人听到"read"和"lead"这两个词的时候，由于他分不清"r""l"，很可能无法区分这两个词。对他来说，这两个词听起来是一样的，因为他的大脑从小就已经习惯了日语，而在日语中，这两种发音是不区别意义的。在其他语言环境中也存在感知声音差异方面的类似情况，例如，西班牙语和法语的"b"和"p"的发音都和英语区别很大。西班牙人听起来像"b"的发音在英国人听起来却很像"p"。另外，一个泰国人可以听出"b"和"p"的三种发音，而说英语的人只能听到两种。

语音的最小单位叫作"音素"。每种语言都有一组这样的单位，但没有一种语言能包含所有音素，包含人类嘴巴可能发出的所有声音。每个人大脑中储存的音素都会在很小的时候固定下来，这决定了人们一生中能准确听辨的音素有哪些。因此，大多数人只能分辨出他们在最初的语言环境里听到的基本发音。

吮吸辅音

我们都知道，小孩子可以立刻学会他们成长环境中的语言，而长大后在学习一种新的不熟悉的语言时却会困难得多。同样是学习语言，为什么会有这样的差别呢？有没有可能在长大后再次激活小时候那种自然习得语言的能力？关于大脑如何获得、理解并使用一种语言的问题，一直都是相关研究领域的科学家十分关注的课题。

由于婴儿不可能回答他们是否能分辨例如"read"和"lead"这两个词的发音区别，所以科学家们提出了许多替代方法来测试婴儿是否能区分不同的发音，并找出他们从什么时候开始会失去这种能力。例如，他们制作了一个人工乳房，当婴儿吮吸时，乳房并不会分泌乳汁，而是发出声音。婴儿们吮吸得越多，这个人工乳房发出的声音就越清晰，他们对此非常高兴，就好像真的吃到奶水被喂饱了一样。

然而，如果婴儿们吮吸乳房时只能重复地听到同一种声音，那他们最后就会厌倦。但如果声音发生变化，他们又会开始更积极地吮吸。这种明显的变化表明，婴儿们可以分辨出两种声音之间的差别，否则就不会有这样的表现。这个实验说明，即使被观察的婴儿是在日语环境中长大的，他也有可能能够区分"r""l"的发音。

刚开始的时候，科学家们认为婴儿们不可能察觉到一些特定发音之间的细微差别，但随着他们长大，他们会逐渐学会分辨这种细微差别。然而令人惊讶的是，他们发现事实恰恰相反。哪怕是来自英语语言环境的不到一个月大的婴儿，也能够区分出英语所有的特有音素。这些婴儿已经发展出一种英语语言框架，在这个框架内，他们可以区分"r"和"l"的发音。但如果"r"和"l"这两个发音来自不同的人，他们就无法察觉其中的差异了。

惊喜接连不断。当研究小组测试来自其他语言环境的婴儿时，他们获得了新的发现。例如，墨西哥婴儿可以很容易地区分英语的不同发音，同样，日本婴儿在区分"r"和"l"的发音方面也没有任何困难，尽管他们的父母做不到这一点。

婴儿能说各种语言

即使从未听过任何一种语言，婴儿也能区分世界上所有现存语言的音素。无论是法语、英语、汉语还是斯洛文尼亚语的发音，婴儿们都可以很容易地区分，而且无论是男人、女人还是小孩的发音，他们辨别起来也毫无困难。婴儿拥有学习语言的天赋。事实上，他们与生俱来的这种天赋是一种可以学习现存大约6000种语言中任何一种的通用能力。

婴儿分辨声音的能力不只是一台可以用来检测两个连续声音的频率差异的电脑探测器，了解这一点也很重要。他们能够根据基本组成部分来将词语分类，从而进一步将发音正确分类。刚出生时，每个孩子在语言方面都像是一个万能接收器，可以学习任何一种语言。我们发现了一个关键问题，为什么婴儿出生时是通用语言学家，但后来却只会说自己的母语，并失去了区分其他语言环境中音素的能力？

由于人工乳房模拟测试对年龄较大的婴儿不太有效，科学家们又开发了其他方法来测试婴儿在6个月大时对不同声音的反应。现在的实验已经开始使用最先进的电子传感器，它安装在一种特制的帽子里，帽子戴在婴儿头上，以测量大脑活动中的细微差别。当婴儿注意到或者没有注意到两个音素之间的差异时，这些设备就能检测出来。

研究人员发现，日本婴儿在7个月大的时候仍然可以很容易地区分英语中"r"和"l"的发音，但再过2个月后就会丧失这种能力。9个月大的日本婴儿基本上已经不能分辨这两种发音的区别了，而同样大的美国婴儿却能更好地区分英语中"r"和"l"的发音。对加拿大婴儿进行的类似研究表明，6个月大的婴儿可以听出某种外语音素中的差异，然而他们的父母以及1周岁以上的孩子则无法分辨这种差异。可以这么说，婴儿到了1岁之后就会失去完美学习他们听到的任何语言的能力，同时他们的大脑会做出适应和调整，以加深和扩宽在母语方面的能力。

科学家发现失聪婴儿的大脑也会出现类似的适应和调整。失聪的婴儿一开始也拥有学会任何一种手语的元素的能力，但后来都会发展为在单一的手语上拥有更复杂的能力。因此，科学家通过各种研究路径得出了这样一个结论，在区分音素方面，所有婴儿大约在同一时间段都会向单一的、专门的语言发展。研究表明，一旦婴儿失去了区分所有音素的能力，他就会比那些仍然对语言发音保持敏感的婴儿更快地学习所处环境中的语言。这是因为当大脑专注于信息表达中更重要的差异而忽略任何别的因素时，交流就变得相当容易了。

孩子们开始丧失分辨外语发音的能力和他们的注意力从发音转移到词语上这两个变化大致发生在同一时期。也是在这个时候，他们会优先熟悉自己语言环境中所有可能出现的词语。研究人员还发现，9个月大的婴儿更喜欢听到发音组合方式和他们母语相同的一系列声音，这些声音的组合方式与母语中通常的组合方式相同，即使这些声音在他们母语中并不能构成有意义的、实际存在的词语。

直接接触很重要

有的研究还特别强调了孩子在学习语言时需要直接的人际互动。科学家进行了一项实验，很好地体现了人际互动的重要性。这项实验的目的是研究让孩子们接触一门外语是否能延长他们早期那种区分所有音素的能力。

有4组9个月大的婴儿，他们都是在纯英语环境中长大的。在几周的时间里，第一组的婴儿可以和中国老师一起玩耍，但老师用中文和他们交流，第二组只能看到老师的视频，第三组只能听到老师的讲课，第四组则和老师没有任何接触和沟通。

实验表明，只有那些与老师直接接触过的孩子后来才能维持分辨汉语音素的能力。而在另外的小组中，只听过老师讲课或者只看过老师视频的孩子，和那些和老师没有任何接触的孩子一样，后来都无法分辨汉语音素。

野孩子

1996年，伊万·米舒科夫离开了家。虽然他年仅4岁，但他觉得家里的情况太混乱了，简直无法接受。这个家每天充斥着酗酒和吵闹，糟糕的环境实在让人忍无可忍，母亲也没有能力照顾他，所以他决定离家出走，在街上流浪乞讨。当时的莫斯科街头除了一些无家可归的人以外，还游荡着许多流浪狗，这些流浪狗因为主人无力照顾或者厌倦而被弃养。这些狗逐渐变得越来越野性，经常成群结队聚在一起。

在街上乞讨时，年幼的米舒科夫很快获得了路人的同情，因为每天得到的食物较多，米舒科夫决定和流浪狗一起分享。他逐渐获得了这群流浪狗的信任，并成为它们的首领。米舒科夫和狗共生共栖，他每天把乞讨的食物分给狗，而狗在晚上保护他，为他取暖，尤其在寒冷的莫斯科的夜晚。

警察发现这个小男孩的生活方式后，自然想把他从狗群中带走，但好几次都受到流浪狗的阻挠，它们保护着米舒科夫逃脱了。后来警察用食物把狗引开，使米舒科夫落了单，终于带走了他。这时米舒科夫已经在街头流浪了整整两年。

因为米舒科夫人生的前四年是在自己家中度过的，所以他说话很流利。在儿童收容所度过了一个短暂时期后，他很快就重新进入了人类社会。不久之后，他开始上学，找到了一个寄养家庭，从此过上了一个普通俄罗斯孩子的正常生活。

纯"野生"的孩子

有一些孩子的童年生活完全隔离于人类社会之外，与野生动物为伴，这些孩子被称为"野孩子"，米舒科夫只是其中之一。历史上关于动物如何照顾和抚养孩子的半神话传说比比皆是。启蒙运动时期的学者对这些"纯自然"孩子的兴趣非常浓厚。思想家们很想了解人和动物之间的区别，而野孩子作为边缘案例对他们很有吸引力。

实际上，野孩子都是完全正常的人类儿童，只不过他们在与人类隔绝的环境中长大，不适应人类社会的风俗习惯，而且大多数不会说话。在这些野孩子超过了婴儿学习语言的正常年龄后，是否还能学会说话？这是科学家们每次与野孩子接触时最想了解的问题之一。

大约两个世纪以前，当时的科学家们对两个男孩特别感兴趣，他们突然成了人们关注的焦点。第一个男孩是1800年在法国的阿韦龙找到的，人们曾连续好几年看到他在森林中裸跑，但每次想抓住他的时候都被他逃脱了。这个男孩回到文明社会后，在一位名叫伊塔德的医生的照顾下生活了好几年，他被称为阿韦龙的维克多。伊塔德医生对他进行了详细检查，并竭力教他说话，可惜经过多年的努力始终没有成功。20世纪70年代，弗朗索瓦·特吕弗的著名电影《野孩子》再次将维克多的故事展示在人们面前，导演特吕弗本人在电影中扮演伊塔德医生的角色。

电影《野孩子》剧照

另一个男孩的故事则多了一些神秘色彩。1828年5月26日，这天是公共休息日，纽伦堡的街头空旷而平静。下午四点，街头突然出现了一个看起来很奇怪的孩子，他一直漫无目的地闲逛。一开始人们以为他迷路了，后来他开始不断重复一句不明就里的话："我要像我的父亲一样，成为一名骑兵。"显而易见，这不是个普通的正常孩子。人们都不认识他，试图问他从哪儿来，结果一无所获。不过令人吃惊的是，他竟然会写自己的名字：卡斯帕·豪泽尔。

这个男孩很快成为当时整个欧洲的焦点人物，一时之间所有报纸都在报道他，很多名人都想见他。豪泽尔开始接受强化课程，后来他学会了写字，这很有用处，因为他得以用蹩脚但勉强能看懂的德语描述他所记得的可怕故事。原来，在过去的十多年里，他一直被锁在一个狭小的地下室里，里面有一堆让他垫着睡觉的稻草、一条毛毯和两个木马玩具。每天他睡觉的时候，都会有一个不认识的人送来水和食物。这种单调的、与世隔绝的生活一直持续到几周之前，有人开始教他写自己的名字，教他说一句话，然后他终于被放了出来。他在纽伦堡街头被发现时口中重复的正是所学的那句话。

来自美国郊区的女孩

在美国，一个名叫苏珊·威利的女孩在洛杉矶郊区也经历了与卡斯帕·豪泽尔类似的磨难。1970年，一位社区中心的员工注意到威利有问题，当时她和几乎完全失明的母亲到这个社区中心寻求庇护。她看上去只有八九岁，其实实际年龄已经13岁了。后来才知道，威利和卡斯帕·豪泽尔一样，从小就被关在家里的一个僻静房间里，只有家人大喊大叫的时候，威利才能听见他们的声音。

她的痛苦是由精神严重失常的父亲造成的，他好几年来都抱着一把上了膛的步枪睡在起居室的扶手椅上，"守卫"他的房子。女孩的母亲几乎完全失明，只能依赖她的精神病丈夫，而丈夫深信把女儿藏起来才能保护她不受外部世界的腐化和伤害。后来，当这个父亲因虐待女儿的罪名而受审时，他似乎意识到自己错了，于是自杀了。

重获自由之后不久，威利发现自己像维克多和豪泽尔一样，被许多科学家包围着。负责她心理健康的理论家和治疗师们认真考虑后决定，最好让威利搬到他们家里居住并接受治疗。在接下来的几年里，她努力适应人类社会的生活，这段时间后来被证明是她一生中最快乐的时光。很多人都对她伸出援手，还有一位年轻研究生经常来看她，教她说话。科学家们最关注的是已经13岁的威利能否学会说话，这个问题还成了博士学位论文的研究课题。威利确实成功地学会了一些新单词，但不知道如何把单词组成长的句子，她在词汇方面没有问题，却始终学不会语法规则。

乔姆斯基的理论

诺姆·乔姆斯基在20世纪70年代提出了一个非常流行的理论，该理论认为普遍的语法规则是人类大脑与生俱来的功能，是由大脑的内在结构决定的。据乔姆斯基的理论，当一个孩子处在某种语言环境中时，这种人类与生俱来的能力就会很容易地适应孩子所处的语言环境。人们认为孩子自发学习一门语言的时间是有限的，据说年龄的上限是13岁左右，所以威利是一个非常理想的测试对象，可以证实在儿童的语言发展过程中是否存在所谓的关键时期。

很遗憾，科学家们从威利身上没有得到任何关于语言的重要结论。一些专家认为，无法判断威利的大脑是天生就有损伤还是受到了后天的伤害，因此导致她严重受限的造句能力。另一个问题是她是否花了足够长的时间来学习所有关于语言的基础知识。尽管没有在威利身上取得实际的科研成果，但还是有许多关于她的著作和科学讨论。

因为研究人员没有得到进一步的项目经费支持，所以威利在一位科学家的家庭里生活了4年之后，又回到了母亲身边。然而，仅仅过了几个月，情况就变得很糟糕，她失明的母亲无力照顾她。人们努力想找一个家庭来收养威利，但她无法适应任何新的环境，因此在这些地方都待不长。经过几次失败的收养之后，威利因为行为不当，甚至在收养家庭里遭到毒打，精神健康又受到重创。她彻底倒退回了原来的状态，不再开口说话。如今她住在一个成人收容所里，身心状况比她刚获自由、成为科学家关注焦点的那几年要糟糕得多。

见证新语言的诞生

1769年，柏林科学院设立了一个特别奖，寻求对以下有关语言起源问题的最佳解答：

"假如只凭借自己的天赋能力，人类可以发明语言吗？假如可以，人类会通过怎样的方式发明语言呢？我们正在寻找一种清晰的方式来解答这些问题，并且全方位地阐述清楚这些问题。"

戈特弗里德·赫尔德的文章《论语言的起源》最终赢得了奖项。赫尔德在这篇文章的第一句话就开宗明义地阐明了自己的观点："当人还是动物的时候，就已经有了语言。"然而，赫尔德不可能想到，人们有一天会亲眼见证一种新语言的自发诞生，这件事情发生在20世纪80年代。

埃及法老普萨美提克的实验

几个世纪以来，语言的起源一直是哲学家和其他学者争论的中心问题之一。在启蒙时代，人们对语言本质的神秘性的兴趣达到了顶峰，关于自然和人类起源的重大问题站在了当时科学思想的最前沿。语言是天生的还是后天习得的？如果语言是大自然的恩赐，那为什么世界上会有这么多不同的语言呢？如果让婴儿出生后就单独留在无人的荒岛上，他们会发展出怎样的语言？

关于语言起源的问题，最早可以追溯到公元前7世纪埃及法老普萨美提克曾进行的不同寻常的实验，希罗多德的著作《历史》中可以找到关于这个故事的记载。普萨美提克想查明埃及人到底是不是地球上最古老的人类，然而，"尽管他做了很多努力，但始终无法找到关于最初人类的任何线索"。为了解开这个谜团，他进行了一项真正的科学实验：

"他随意挑选了两个新生儿，把他们交给一位牧羊人照管，牧羊人奉命把婴儿养在自己的羊群里。普萨美提克命令牧羊人不许在他们面前说一个字，并把他们单独留在一个与世隔绝的地方，不能和任何人接触，使他们逐渐适应山羊的生活。牧羊人每天喂孩子们喝完牛奶后，就继续去干活。"

普萨美提克让这两个孩子与所有文化影响完全隔离——

因为他想知道孩子们度过咿呀学语的阶段之后，首先会说出什么词。他的想法后来变成了现实。实验开始两年后的一天，牧羊人打开门走进房间，两个孩子伸着手扑向他，嘴里喊道："Bekos!"当普萨美提克来到牧羊人那里亲耳听到孩子们说出的这个词时，他很想知道"Bekos"属于哪种语言，意思是什么。后来他发现这是古弗里吉亚语中的"面包"一词。这件事情使埃及人得出了结论，他们承认古弗里吉亚人比埃及人更古老。

从埃及到尼加拉瓜

在随后的几个世纪中，可能有许多学者都考虑过效仿埃及法老进行类似的实验，但这当然是不被允许的，没有人可以进行这种有悖人伦的实验。这就是为什么几十年前，当一个堪比普萨美提克实验的事件发生时，科学家们都感到无比兴奋。此外，碰巧参与到这个自然发生的不寻常"实验"中的孩子们不但没有受到伤害，甚至从中得到了一些好处，希罗多德故事里孩子们遭遇的痛苦都没有发生。这次的故事不是发生在埃及，而是发生在尼加拉瓜。

20世纪70年代末，尼加拉瓜失聪儿童的生活发生了巨大的变化。桑地诺民族解放阵线上台执政，他们推行的一项政策是在全国范围内对公共教育进行改革。他们在首都马那瓜为那些有特殊需求的孩子开设了一所新的中心学校。以前，失聪儿童通常都会被父母留在家里，因为在那个时候，这些孩子总是会遭到歧视和侮辱。即使在家庭内部，家人与失聪儿童的交流通常也仅限于几个简单的手势，只是为了满足最基本的日常生活需要。

在马那瓜，一所试图教聋人说西班牙语的小学校已经开办了几十年，但他们的工作谈不上很成功。直到这所更大的中心学校建成后，大量来自全国各地的失聪儿童才第一次有机会聚在一起。事实证明，把这样一大群不具备有效沟通手段的孩子聚集在一起，是导致一种新语言诞生的关键因素。

孩子可以交流，老师无法理解

来自苏联的教员推荐了一种基于视觉字母表系统的教学方法，中心学校的老师们尝试用这种方法来教孩子们，但似乎毫无效果。孩子们互相熟悉以后，开始在学校外面一起玩耍，像正常孩子一样互相串门。老师们逐渐意识到这些孩子其实很善于互相交流，这一点让人感到有些震惊。他们之间可以用手势进行良好顺畅的交流，但老师们却很难理解他们表达的意思。

1986 年 6 月，尼加拉瓜教育部联系了美国科学家朱迪·凯格尔，她是一位手语语言学专家。教育部官员邀请她参观马那瓜的这所特殊学校，希望能发现这些孩子到底是如何交流的。33 岁的凯格尔欣然应邀，立即出发前往尼加拉瓜。

目睹"语言大爆炸"

凯格尔很快发现，孩子们并没有使用任何一种现有的正式手语，他们已经发展出一种使用手势进行交流的全新方式。经过几天的观察，她学会了表示"房子"和"家"的手势，并设法询问孩子们住在哪里。每个孩子都用一系列复杂的、乍看起来完全没有意义的手势来回应。直到后来，她才明白孩子们在她面前做的一系列手势实际上非常详细地描述了如何乘公共汽车到他们家去。

刚开始的时候，她遇到了许多困难，因为她无法理解这些失聪儿童使用的手语的语法和规则。后来她慢慢记住了一些初看起来似乎杂乱无章的手势。三周后，她去参观了低年级校区。第一天参观的时候，她看到学校院子里有个小女孩快速而有节奏地朝她做手势。凯格尔意识到，这个小女孩肯定不是在简单地模仿从高年级学生那里观察到的手势，后来她回忆说："我看着这个小女孩，心里暗想，天哪！她在使用某种独特的手语规则!"当时担任凯格尔助手的安·森加斯回忆起这件事时十分激动:"这是语言学家的梦想,简直就像在宇宙大爆炸的现场一样。"

我们对语言的本质了解多少

有一种专门的书写系统可以把手势记录下来,大约有3000人在使用这种系统。通过这种系统,一些教科书和其他书籍已经被翻译成尼加拉瓜失聪儿童特有的语言。此外,专家们还进行了许多研究,发表了许多科学论文,从本质上解答了柏林科学院在1769年设立奖项时所提出的关键问题。不过直到今天,对于语言在多大程度上属于天赋能力或者后天习得这个问题,科学家们仍然没有达成一致。

无论从哪个角度来看,尼加拉瓜自发诞生了一种新的手语作为一个重要的标志性事件,都为我们在语言的本质这个重大问题上开启了许多新的研究方向,这正是自埃及法老普萨美提克的时代以来,人类一直在思考的问题。

社会之人

推动自由意志的界限

1966 年 8 月 1 日，25 岁的查尔斯·惠特曼登上了位于奥斯汀的得克萨斯大学塔顶。他带着几支枪和一堆弹药，走到观景台开始射击。在警察逮捕他之前，他已经开枪打伤了一些路人，包括一名孕妇和一些前来救助的见义勇为者。

在这场震惊美国的"得克萨斯塔惨案"发生后不久，警方在对这名年轻人家里的搜查中又发现了两具尸体。

原来在惠特曼开始疯狂射杀他人之前，他已经谋杀了自己的妻子和母亲，甚至在杀死她们之后还坐在打字机前面写了一封遗书。遗书上面写着：

"这些天我觉得我不太了解自己了。我应该是一个正常的年轻人，一个通情达理又聪明的年轻人。然而，最近（我不记得是从什么时候开始了），我成了许多不寻常和非理性想法的受害者。经过深思熟虑之后，我决定杀死我的妻子凯西。

我深深地爱着她，她一直是我最好的妻子，任何男人都不可能拥有这样完美的妻子。但是我也无法合理地解释自己为什么要这么做，我找不到任何具体原因。"

这个看似无害的居家男人犯下了疯狂杀戮的罪行，公众无法理解一个智商138的人为何会如此彻底和突然地失去理智。在对惠特曼的尸体进行解剖后，一些真相浮出了水面。医生在他的大脑中发现了一个肿瘤，它压迫着控制情绪反应（尤其是恐惧和攻击）的杏仁体。

惠特曼似乎自始至终都能意识到自己的行为，但他还是忍不住犯下了骇人听闻的罪行。在他的遗书中还有这样一句话："如果我的人寿保险有效……请把剩下的钱匿名捐给一个精神健康基金会。"或许科学研究可以阻止这类悲剧继续发生。

法律和大脑

大卫·伊格曼写过一本很特别的书——《隐身术：大脑的秘密生活》（2011年出版），在这本书的序言里就有关于查尔斯·惠特曼这个普通年轻人因为脑瘤而变成杀人狂的故事。伊格曼讨论了法律与人脑研究之间的关系。除了1966年的惠特曼案之外，他还描述了医学和司法档案中的一些其他案例。

1987 年 5 月 23 日的清晨，来自多伦多的 23 岁的年轻人肯尼斯·帕克斯从床上爬起来，迷迷糊糊就钻进了他的汽车，然后开了 20 公里到达他岳父母的家。他破门而入，先是刺死了他的岳母，又刺伤了岳父，受伤的岳父设法逃脱了。实施犯罪后，这个"睡着的杀手"立即开车到警察局，语无伦次地告诉警察："我想我杀了人。"他那双沾满血迹的手证明了他的自首。

在法庭审理过程中，事实证明帕克斯没有任何杀害岳父母的犯罪动机，他也没有意识到自己的行为，因为他犯下这些罪行时甚至没有睡醒。

睡眠专家检测了帕克斯睡觉时的状况，发现他的大脑在睡眠时的活动模式非常奇怪。在睡眠专家证词的帮助下，他的辩护团队成功说服法庭，帕克斯不需要为他当时没有意识到的非预谋行为负责。5 月 25 日，陪审团宣布帕克斯谋杀岳母和企图谋杀岳父的罪名不成立。

伊格曼在书中提到的另一个案例是一个 40 岁的男人，据他的妻子说，他突然开始有恋童癖的倾向。这个男人被带到医院接受检查，医生发现了一个很大的脑瘤。手术后，他的性取向恢复了正常，但持续的时间没能超过 6 个月。他再次被送到医院，医生注意到还有一小部分肿瘤在手术中被忽视了，并开始再次生长。第二次手术很成功，他的性变态症状再也没有出现。

自由意志有可能吗

我们对人类大脑的工作方式了解得越多，对奇怪和无法解释的人类行为的了解就越多。科学进步正在不断突破所谓的自由意志与病理因素之间的界限，病理因素会阻止患者按照自己的良心行事。伊格曼认为今天的科学水平对大脑活动的监测还远远不够，他将这比作宇航员从环绕地球运行的宇宙飞船或卫星上对地球上各个国家的观察，宇航员能讲出许多关于这些国家的事情，但离描述这些国家在地面上的居民还差得太远。

伊格曼通过一些医学案例表明，自由意志与允许或损害它的生物学因素之间的界限在很大程度上取决于科学的发展。由于神经科学所取得的长足进步，科学家们能够更好地识别大脑机制中的问题，以及由先天性疾病、环境因素、童年创伤、化学影响或伤害引起的紊乱。然而，这也会导致立法者质疑自由意志决策的可信性，进而质疑量刑政策的基础。自由意志是否会受到导致我们做出某种行为的无意识机制的限制？

伊格曼提出了质疑，他不清楚确定生物学因素和自由意志之间的界限是否仍然有意义。即使不知道犯罪行为的原因，也可以推定犯罪分子有病理问题，因为犯罪行为本身已经构成了一种病理症状，可以证明发生的事情不合常理。医学专家在法庭上的证词只能说明一点——今天的知识和技术可以做到的是通过观察大脑功能的紊乱来解释某种行为，而不是证明这些紊乱的影响是否真的存在。伊格曼建议法院将注意力从决定罪犯是否有罪转移到探究罪犯的行为可能会给社会带来怎样的后果上。因此，判决应该面向未来，着重考虑罪犯对社会造成的潜在威胁和接受改造的前景。

但是在实践中，即使是预测罪犯再次犯罪的可能性这种初步的问题也极难解决。在对美国性侵犯罪犯假释程序的审查中发现，参与调查的专家无法判断哪个罪犯再次犯罪的可能性更大，他们的分析结果被证明不比抛硬币更准。

在认识到这一点之后，研究人员对2万多名性侵犯罪犯进行了详细调查，收集了范围特别广泛的信息，例如：这些罪犯是否在童年遭受过虐待，他们是否有过一段认真的恋爱关系以及持续了多长时间，他们的婚姻状况，是否有吸毒或酗酒的历史，等等。

随后，研究人员对参与这项研究的人进行了5年的跟踪监控，以确定具有哪些特征的罪犯更容易再次犯罪。这些研究成果为在司法实践中批准假释提供了更可靠的依据。

另一个问题是康复。前脑叶白质切除术在今天已经成为过去式，这种手术是在20世纪30年代由葡萄牙神经学家安东尼奥·埃加斯·莫尼兹首创的，他甚至因此获得了诺贝尔奖。他发明的这种切除精神病患者大脑前额叶皮层的技术后来在美国得到了沃尔特·弗里曼博士的改进和推广。手术对患者的性格会产生巨大影响，而且极大地降低了他们的心智能力。到1951年的时候，仅在美国就有多达2万人接受了这样的手术，很难说这对他们来说是福还是祸。

前脑叶白质切除术在当时能取得成功，主要是因为术后反馈通常只由患者的家属提供。手术前，家属们面对的是一个充满暴力而且喜怒无常的人，手术后，他就变成了一个温顺、冷静的家庭成员。这种对大脑进行物理干预的手术后来被废止了，这主要应该归功于药物的发明，新药通过使用化学物质可以达到和手术类似的效果。

前额叶训练

要成功地帮助罪犯重新融入社会，就要确保他们不会再犯罪。大多数罪犯面临的最大问题是如何控制自己的冲动。

他们往往非常清楚对与错的区别，但在某些情况下却仍然无法控制自己，无法抑制冲动。但是充分控制每一种掠过我们脑海的冲动是保证我们能够在社会中表现良好的关键要素，这也是一个成年人的重要构成要素。青少年通常会有更多的冲动倾向，这主要是因为他们的前额叶皮层直到20岁出头才能发育完全。

为了防止错误的治疗，例如已经被摒弃的前脑叶白质切除术，伊格曼提出用前额叶训练作为实现康复的一种方法。成功的前额叶训练技术可以作为一组额外的大脑抑制方法，正是前额叶这一特定的人类大脑区域的功能会阻止一个人采取短期有效，但长远来看其实有害的行动。这些训练不会对人的大脑造成任何化学或物理上的威胁，但可以为罪犯提供回归正常无害的社会生存所需的心理工具。

社会性的大脑

平均毕业3个月之后，学生们就会开始忘记他们在学校里学过的东西。在接下来的人生中，这些知识他们能够在日常生活中用到的更少。神经学家马修·D.利伯曼在他2013年出版的著作《社会：为什么我们的大脑是连接在一起的》中提出了警告，今天的学校没有足够重视人类大脑中负责遵循和管理人际关系的庞大系统。利伯曼进行了一项研究，证明负责我们社会生活的大脑系统具有强大的记忆能力，但它的激活环境与我们所习惯的校园环境有所不同。

利伯曼在实验中将参与者分为两组，其中一组事先会被告知，这次实验是考察人们根据给出的信息描述一些不认识的随机人物的大致印象，而另一组则毫不知情。结果事先被告知的一组参与者的表现更差。尽管另一组参与者没有被告知将要测试他们哪方面的知识，但他们却做得更好，因为他们使用了大脑中负责社会接触的区域。

实验结果还表明，如果预先知道我们是要把新学到的知识传授给别人，而不仅仅是在考试中使用，那么我们学习新知识的困难就会小一些。当我们考虑用一种想象中的对话来呈现我们的学习内容时，我们的大脑就会使用一种不同的机制，从而能够更容易、更持久地获得新知识。

对记忆和学习机制更细致的研究还在继续，我们可以期待学校传统的学习过程也会因此发生根本的改变。一直以来，学校习惯的模式是学生在课堂上只是听老师讲课、做笔记，他们期望自己能记住大部分内容，然后在考试中复述出来，未来这样的教学可能会减少。根据利伯曼的说法，学校应该采用更多涉及人与人的社会联系的实用技巧，因为这样可以使大脑中能力更强的"社会"部分更多地参与到学习过程中。

人是社会性动物

人类能够进行更为复杂的人际合作，这一点任何其他物种都不能比拟。人类在漫长的历史中最终发展出了复杂的社会体系，以及超越自然界任何其他存在的角色分配方法。为此，我们需要感谢我们大脑中的一种特定机制，正是这种机制投入了大量努力来管理和遵循我们的人际关系。

在过去的几个世纪里，人类受动物本能的引导是主流看法，但人们同时也相信个体可以通过理性来控制自己的"动物本性"。作为自由的存在，每个人都要对自己的行为负责。人类被认为是高性能计算机和追求舒适、减少痛苦的生物的结合体。但这种过度简化的看法并没有考虑到人类大脑中的许多活动其实发生在有意识的分析推理和基本生理冲动的两极之间。

人类大脑在进化过程中不断扩大的一个重要原因，是它需要适应越来越复杂的社会关系。在野外环境中，群体之间互动更多的动物更安全，这样可以减少捕食者的威胁和其他危险，但与此同时，它们也会受到特定群体内部冲突的影响。群体中的所有个体永远不可能平等，其中一些成员总是需要努力保持它们的地位。

为了优化我们在群体中的运作方式，人类的大脑进化出一种高度发达的机制，使我们能够预见其他人的行动和反应。这种重要的机制使我们具有根据他人的行为、面部表情和其他外界信号来猜测他人意图的直觉能力。另一个至关重要的功能是站在他人的角度看待事物——这有助于我们更好地理解他人并更准确地预测他人的行为。

科学家们通常会研究特定的活动会触发大脑的哪些区域，但在1997年，华盛顿大学医学教授戈登·舒尔曼却对这个问题的另一面进行了研究。他提出的问题是，当某种活动停止时，大脑的哪些区域会受到刺激。他发现，当我们停止做某件事或什么都不做时，大脑的某些区域就会被激活。这些区域被统称为"默认网络"，当我们的大脑活动不专注于任何其他特定任务时，默认网络就会被激活。

根据利伯曼和他同事最近的观察，大脑中这个尚未得到充分研究的默认网络似乎就是在社会任务中被激活的大脑区域。因此，利伯曼得出一个结论，人类之所以是天生的社会性动物，正是因为我们大脑的默认网络和管理我们人际关系的思维之间存在紧密联系。我们需要意识到，社会性思维不是对我们的人际关系的分析推理，而是在直觉层面上自发产生的心理活动。

利他主义

互惠原则是最有力的社会规范之一。如果有人帮了我们的忙，我们就会觉得有义务知恩图报。这就是为什么当聪明的推销员意识到我们可能会在他们的产品上花很多钱时，会先给我们一杯咖啡和其他小礼物，然后我们就会从直觉上觉得有必要以某种方式作为回报，例如购买他们的产品。如果我们最终买了一辆汽车，卖家先付出的小恩小惠产生的价值就会立刻比它们的真实价值高出许多，这是一种非常聪明的投资。

人际合作的意识深深植根于我们的天性和大脑结构中，即使不能直接从中获益，我们也倾向于选择合作。有研究表明，我们选择合作并不仅仅是因为这么做从长远来看有好处，还因为合作本身就是一种安慰和幸福的源泉。

利伯曼将利他主义定义为一种行为，这种行为不会带来任何长期的物质利益，甚至会对那些把别人的需求放在自己的需求之上的人产生负面影响，但人们还是会这样做。他以性行为举例说明，我们追求性行为通常不是为了受孕，而是因为我们享受性行为本身。利伯曼认为利他主义也是如此，我们做好事通常不是为了得到回报，而是因为我们自己喜欢为别人做好事。

然而，利伯曼同时也补充说，人的本性既有无私的一面，也有自私的一面。去照顾那些并不具有最近血缘关系的同类是哺乳动物大脑中一种内在的需要，我们会通过无私的行为获得满足，而不考虑回报，因此这既是无私，也是自私。

社会性痛感

知道我们对别人很重要，知道他们关心我们、尊重我们，这对我们的幸福来说至关重要。许多研究已经证明：当听到对自己的赞美时，我们的身体会产生与品尝甜点类似的感觉；当意识到自己被欣赏时，我们的大脑中与吃巧克力的愉悦感相关的区域也会做出同样的反应。

然而，这种大脑机制不仅是肉体快乐和社会性快乐的根源，同时也是肉体痛感和社会性痛感的根源。我们或许会本能地觉得，社会性痛感一定与肉体上的痛感非常不同，而且没那么真实，但就大脑而言，这两种痛感的机制非常相似，甚至在某种程度上完全一样。大脑会将我们的社会地位受到威胁视为一种社会性痛感，这时候触发身体痛感的大脑机制也会使我们感受到社会性痛感，警告我们保持与他人的良好关系对我们的生存不可或缺。对人类来说，受到平等和公平对待的感觉尤为重要。

一些有先天缺陷的孩子感受不到肉体上的痛感，他们大多会夭折。因为当他们受伤时，他们没有感觉，所以迟早会死于受伤。因此，肉体痛感对我们的生存来说至关重要，在这一点上，社会生活中带来的痛感并没有太大区别。也有一些人不能感受到社会性痛感，他们和那些有先天缺陷的孩子一样，唯一的区别是他们仍然可以过上幸福的生活。然而，如果大多数人都不关心他人的意见，那我们的社会就不可能持续太久，很快就会分崩离析。

人类是合作型生物

自古希腊时代起，人类就一直想知道是什么将自己与共同生活在地球上的其他生物区分开来。纵观历史，我们总是把自己与一些野生或驯养的大型动物相比较，并得出这样的结论：使我们与众不同的是我们的思考能力和表达自由意志的能力。但是在欧洲人最早的历史里，他们通常没有机会见到任何现存的灵长目近亲。在18世纪以前，欧洲人很少亲眼看到猿猴，直到19世纪，越来越多的动物园才让他们一睹为快。

查理·达尔文的研究为人类的生物学特征带来了新的视角，但他直到完成著名的环球航行之后才第一次见到猩猩。1838年，达尔文在伦敦看到一只名叫珍妮的雌性红毛猩猩，他感到非常惊奇。黑猩猩、大猩猩和红毛猩猩在许多地方都和人类很相似，尤其是红毛猩猩，与这些灵长目人科动物近

红毛猩猩

距离接触之后，19世纪的科学家们似乎觉得要找到动物和人类之间的关键差异变得更困难了。对灵长目动物的深入研究很快就揭示出一个重要事实：动物也能像人类一样思考，甚至还能像人类一样创造出抽象的世界观。人类是唯一会思考的物种，这种说法再也不可能成立了。

当科学家们努力寻找动物和人类之间的差异时，另一个问题出现了。研究人员很快注意到，现存的类人猿物种所剩无几——大多数都已经灭绝了。在现存的物种中，黑猩猩和大猩猩在基因上与人类最相似。几十万年前还未灭绝的某些类人猿物种在基因上与我们更接近，如果它们复活了，或者我们在某个偏远的丛林中发现了幸存者，那么要确定人类与其他动物的区别可能就更困难了。

相互合作是关键

生物学家约翰·梅纳德·史密斯和艾欧斯·萨斯马里在1995年出版了一部名为《进化中的重大转变》的著作，书中介绍了他们的研究，并定义了8个显著增加地球生命复杂性的主要进化转变。这些决定性的阶段包括染色体的出现、多细胞生物、有性繁殖等。这8个进化里程碑有一个共同特征，那就是在每个转变之前，都会出现一种新的合作形式。

在每一个转折点之后，之前以更小、更孤立的单位繁殖的生物会继续作为更大、更复杂种群的一部分繁殖。在特定的生物系统或物种群体中，这些向更复杂种群的转变也带来了对更复杂协调的需求。事实上，这意味着生命历史上的每一次重大转变都伴随着信息传递方式的新发展。8个进化大飞跃中的最后一个是人类社会的出现，这是第一个以合作和语言交流的文化为基础建立起来的生物系统。

灵长目动物学家和心理学家迈克尔·托马塞洛在《人类

思维的自然史》一书中，对促使人类文明崛起的进化转变进行了更深入的探讨。他提出一个假设，人类的认知之所以非同寻常，是因为它建立在相互合作和社会形态的基础上。

托马塞洛对大量的灵长目动物实验数据以及已经灭绝的人属物种的信息进行了仔细研究，他令人信服地证明了人类的关键特征确实是合作。通过合作，我们可以看清人类特有的思维方式的发展。正是这种基于合作的思维模式促进了大型群体的成员之间的高效协调，使他们能作为一个同质整体共同行动，并共同努力实现他们的目标。根据托马塞洛的说法，这种在大型群体中协调个体行为的能力，就是将人类与自然界中最接近的物种区分开来的本质特征。

儿童、黑猩猩和红毛猩猩的区别

托马塞洛领导的一个科研小组对来自德国莱比锡的两岁半儿童、非洲自然保护区的黑猩猩和印度尼西亚的红毛猩猩进行了广泛的比较研究。这三种生物都接受了类似的心理测试。

首先，研究人员测试了实验对象进行某种思考或理解因果关系的能力，然后又对物体在空间中的数量、运动和形状的感知能力进行了测试。结果证明，儿童和黑猩猩在这些

"智商测试"中表现得一样好，而红毛猩猩则有些落后了。在社会能力方面的测试中，儿童、黑猩猩和红毛猩猩在自然交流、协调、相互学习和识别他人意愿方面的能力表现出了非常明显的差异。实验证明，两岁半的人类儿童在这方面比其他人科物种要先进得多。

研究人员在2007年发表在《科学》杂志上的实验报告中总结说，学龄前儿童并不比其他人科物种更善于理性思考，然而他们在对他人行为的感知和模仿方面则要强大得多。事实证明，人类和黑猩猩之间的主要区别不是我们过去认为的认知能力和制造工具的技能，而是社会发展。

人类的移情能力比任何其他生物都要发达得多。根据托马塞洛的说法，人类的幼儿在很小的时候就能感知周围人的想法。一个很小的孩子就已经可以复制他人内心的认知模型，利用这种模型来感同身受，并理解他人的愿望和目的。因为人类天生就有一种直觉能力，可以通过他人的眼睛来感知世界，所以他们能够在大型群体中成功地合作，这是其他人科物种都无法做到的。

人类能够自发地将自己的知识和技能传授给他人，而且不需要费多大力气，这是人类与其他物种的关键区别。如果一个人碰巧或经过长时间的思考发现了某些有用的东西——

例如种植蔬菜或捕捉野生动物的新方法——他很快就会把这些知识传授给其他人。然后，这些知识会被进一步检验和调整，并代代相传。几十万年前，最早的人类为了共同的目标成群结队地行动，在合作方面的熟练是促使人类的足迹踏遍整个地球的显著特征。

其他一些科学家的研究也为托马塞洛的观点提供了佐证。牛津大学人类学家罗宾·邓巴发现，一些特定的灵长目动物的大脑大小与该物种社会群体的平均大小成正比。他还根据灵长目动物的智力与社交网络推断出人类智力允许拥有的稳定社交网络的人数大约是150人，这被称为"邓巴数字"或"150定律"。事实证明，每个人确实平均与150人保持相互友好的关系，其中通常有一半是亲戚。当然，我们能认出或者叫出名字的人要比这个数字多10倍，但这些人绝大多数都和我们没有基于相互信任的互惠关系。

合作和团结

在不同的环境中发展出的生存手段不同，群体中合作的需求也不同。印度尼西亚拉马莱拉的村民使用一种传统的捕鲸方法，这种方法迫使他们不断合作。村民们几乎赤手空拳，驾着小独木舟在海上捕鲸。他们会在近距离向鲸鱼投掷鱼叉，然后跳到它的背上，反复刺它，直到它流血过多而死。这种捕鲸方式当然是极其危险的，对团队合作和相互信任的要求极高，然而这样的努力是绝对必要的——以这种方式杀死的鲸鱼是拉马莱拉人主要的食物来源。

研究人员用著名的"最后通牒"游戏来测试拉马莱拉的村民。这是一个世界各地的人们都喜欢玩的游戏，规则相当简单：参与人甲会得到一小笔钱，然后他必须与另一位小组成员参与人乙分享其中一些钱。甲、乙彼此都不知道对方是谁，之后也不会被告知。如果乙对甲分享的份额感到满意，那么双方都可以保留这些钱，但如果乙拒绝接受甲提出的方案，那么双方都将一无所获。

拉马莱拉的村民在这个游戏中的表现非常慷慨。设计这个游戏的目的是测试人们对公平分配的感觉，关于拉马莱拉的村民的研究结果并不令人意外。一般来说，与那些在较小群体中能够自给自足地生存下来的人相比，来自那些为了生存而需要更频繁、更紧密合作的环境中的人更倾向于分享。

多数人都会服从权威吗

1961年，耶鲁大学心理学教授斯坦利·米尔格拉姆在报纸上刊登了一则广告，招募志愿者参加一项关于记忆力的研究活动，并支付可观的报酬。他从几十个申请者中挑选了40个人，邀请他们到他的实验室参加研究。然而，直到实验结束时，他们才会发现教授根本没有研究他们的记忆力，而是在观察一些不同寻常的东西。

电击实验

志愿者一到实验室，就有一位身穿白大褂的年轻科学家接待他们，并向他们解释如何进行实验。志愿者被分成两人一组，用扔硬币的方式分别扮演"老师"和"学生"的角色。然后，每一组志愿者都被带到一个特殊的房间，"学生"的手臂被连上电极。只要按一下按钮，就会产生触电的效果，不过一开始的时候设置的电压很低。两名志愿者都接受了测试电击，这样一来，扮演"老师"和"学生"的志愿者就都知道这个仪器会造成非常轻微的疼痛。同时主持实验的科学家也向所有人重申，电击虽然会带来疼痛，但不会对人的健康造成威胁，也不会造成长期损害。

接着，"老师"被带到另一个房间，这个房间里放着电击设备的控制器，控制着"学生"手臂上的电极。这时候"老师"被要求问"学生"一些问题来测试他的记忆力。"学生"每答错一个问题，"老师"就被告知要用电击来惩罚"学生"，同时主持实验的科学家会告诉他：研究的目的是观察惩罚对接受测试者记忆能力的影响。每一次电击的强度都不相同，后一次电击都会比前一次强15伏。在实验开始时，"老师"面前有30个开关，最后一个会让"学生"受到高达450伏的电击。每一个开关上都有一个标签来描述所涉及的危险程度，例如"中度电击"或"危险：非常强烈的电击"。最后一个开关管理最高电压，上面简单地标记为"×××"。

开始的时候，实验进行得很顺利，"学生"正确地回答了"老师"提出的每一个问题。然而，随着学习任务变得越来越难，"学生"会逐渐开始犯错。"老师"开始就每一个错误施加越来越强的电击。刚开始时这些电击还很轻微，但是当电击达到150伏时，"学生"突然不想再继续参与了。他会开始通过对讲机呻吟，说电击太痛苦，他想离开。当电压达到180伏时，他就开始尖叫，说他再也无法忍受这种痛苦了。在更高的电压下，他会呜咽和呻吟，一旦电击超过330伏，他就不再有任何反应。然而，这时候"老师"被告知，如果"学生"在几秒钟内仍然没有回应，那么这种沉默将被视为回答错误，并要相应地发出更强的电击。

研究真正的目的

米尔格拉姆研究的真正主题是"老师"会如何应对"学生"的痛苦。之前所谓这是一项关于记忆力的研究只是一个借口，目的是让毫无心理防备的志愿者进入实验室。米尔格拉姆想观察他们将如何服从那个主持实验的穿着白大褂的年轻科学家所代表的权威。

在整个实验过程中，这位科学家与"老师"一直待在同一个房间里。他会坐在办公桌前整理文件，同时会专注于实验。当"学生"开始感到痛苦并拒绝继续时，"老师"通常会转向科学家，问他是否应该停止。这位权威人士首先会回答："请继续。"当"老师"再次要求停止实验时，他会回答："实验要求你继续。"在第三次申诉时，他会说："你必须继续。"

在第四次申诉时，他会回答："你别无选择，你必须继续。"只有当代表权威的科学家下达完这四个逐渐增强的命令后，他才会结束实验——前提是"老师"仍然要求停止实验。

这时科学家会向"老师"解释，"学生"并没有受到真正的电击，他的身份甚至不是一个真正的志愿者，而是一个演员。通过对讲机传来的越来越痛苦的反应都是预先录制好的。用来确定角色的硬币两面都是一样的，所以演员总是扮演"学生"，而真正的志愿者总是成为"老师"。在最初的电击测试中，作为最后铺垫，演员们总是会提到他们患有心脏疾病，这就在"老师"开始提高电压时给他们植入了另一个道德因素。

令人震惊的实验结果

在实验开始前，米尔格拉姆问他的同事们认为志愿者会有什么反应。他的大部分同事预测只有少数有施虐倾向的人会一直持续实施电击，直到"学生"开始尖叫，并说再也承受不了痛苦。然而真实的实验结果让米尔格拉姆的同事们都震惊不已。在40名志愿者中，有26%的人对主持实验的科学家完全服从，在实验中对他们的"搭档"施加了最高电压的电击。只有1/3的人拒绝了科学家继续电击的命令，中途停止了实验。

这个实验随后在世界不同地区的不同环境中重复了100多次，但结果总是非常相似。大约60%的人对主持实验的权威人士的命令表现出绝对服从，实施了最剧烈、最致命的电击。最近，研究人员在一些关于酷刑的电视纪录片中重复了米尔格拉姆的实验，发现在过去的几十年里，准备服从权威命令的人的比例没有任何变化。

这并不是说志愿者在执行这些命令时心情愉快。米尔格拉姆的实验报告明确表明：参与者在执行继续电击的命令时总是会表现出极大的痛苦，他们经常满身是汗，在操作开关时双手颤抖。许多人在提问最后几个问题时几乎说不出话来，有几个人甚至开始歇斯底里地大笑起来，因为紧张的气氛令人无法忍受，然而他们仍然服从了命令。这是米尔格拉姆对一名志愿者的观察：

"一个从外表看非常冷血的成熟商人带着自信的微笑走进了实验室。20分钟后，他变成了一个浑身发抖、失魂落魄的人，很快到了精神崩溃的边缘……但他继续服从主持实验的权威人士的命令，直到最后一刻都服从指挥。"

米尔格拉姆随后遭到了一片非难，他被指控让这些毫无戒心的志愿者经受如此强烈的情感折磨，并给他们造成了永久性的伤害。然而，当米尔格拉姆在实验结束几个月后询问志愿者，想知道实验是否给他们带来了任何永久性的创伤时，他们却回答说"没有"。米尔格拉姆在报告中声称，没有人抱怨受到了任何永久性的负面影响，大多数人甚至对自己的参与表示不后悔。

是什么让好人去做坏事

20世纪60年代，米尔格拉姆首次进行了这个实验并受到广泛讨论，当时正值纳粹战犯阿道夫·艾希曼在以色列受审。在第二次世界大战期间，艾希曼对许多犹太人的死亡负有责任，但是在耶路撒冷法庭上，他辩称自己只是服从命令。米尔格拉姆想知道，他能否通过创造一个场景，让一个看似合法的权威以更高的名义要求实施残暴的行为，让一个普通的美国人对一个完全无辜的人造成严重的痛苦。

米尔格拉姆后来对最初的实验进行了修改，以找出改变实验的基本要素会如何影响服从权威的程度。在其中一种情况下，主持实验的科学家会在实验开始后不久接到一个电话离开，并让另一个志愿者（实际上是另一个演员）在他离开房间时接替他的位子。尽管接替者也会坚持让"老师"不顾"学生"痛苦的呻吟继续实验，但只有20%的"老师"会实施最强烈的电击。同样，在主持实验的权威被削弱的其他情况下，他们服从命令的意愿也会下降。

另一方面，当"老师"不用自己操作电击开关，只负责向"学生"提问时，他们对权威的服从程度会有所提高。在这种情况下，只有10%的志愿者决定在结束前终止实验。然而，主持实验的科学家的个性和外表对结果没有影响，无论是年轻人还是老年人，是蓬头垢面还是衣冠楚楚，都没有任何区别。"老师"对权威的服从程度没有因为个性和外表因素而发生变化。

正如汉娜·阿伦特对艾希曼所说的"平庸之恶"的名言一样，邪恶可以采取最平庸的形式。米尔格拉姆的实验进一步表明，我们现在回想起来可以被称为邪恶的某些行为，可能源于我们努力"做一个好人"，也可能源于我们小时候长辈给我们的命令——"按吩咐去做"。

赢家的大脑

非洲东南部的坦噶尼喀湖里生活着一种不同寻常的鱼，慈鲷科的伯氏妊丽鱼。这种鱼的特别之处在于有两种雄性形态：其中一种是鲜艳的黄色或蓝色，眼睛周围有黑色条纹；另一种是暗淡的灰色，外观上看起来与雌性伯氏妊丽鱼差不多。

两种雄鱼的区别很大，无论是外观上还是习性上。色彩鲜艳的雄鱼具有统治力、攻击性和领地意识，它们可以说是伯氏妊丽鱼中的贵族，雌鱼只会和它们交配。另一种雄鱼因为灰色的外观可以在水中更好地伪装，更好地保护自己不受捕食者的威胁，但它们没有交配权，地位就像附庸于贵族的佃农。

然而，伯氏妊丽鱼王国中这种严格的等级制度并不是一成不变的，偶尔会发生一些近乎奇迹的事情。如果一条占据统治地位的雄鱼死了，就会留下一个空缺，然后神奇的事情发生了，一条灰色的"佃农"雄鱼在短短几个小时内摇身一变，把自己变成色彩鲜艳、趾高气扬的"贵族"。

神经学家伊恩·罗伯逊在2012年出版的《赢家效应：权力如何影响你的大脑》一书中就描述过伯氏妊丽鱼王国的神奇故事。罗伯逊这本书的主题是关于权力对动物和人类大脑的影响，但其中相当大的篇幅都是在探讨现代科学中更普遍的发现，例如我们的大脑活动在很大程度上取决于我们的环境。

赢家效应

科学家们通过在小鼠身上做实验来研究动物的特定行为。他们先让一些小鼠与另一些服用药物导致健康受损的小鼠打斗并获胜，然后让它们和一些之前没有参加打斗的小鼠分别与健康小鼠打斗，结果发现，战胜过不健康小鼠的那些获胜者即使面对健康的对手时，获胜率也比没有获胜经历的小鼠高得多。这种现象被称为赢家效应，意思是每一次胜利都会增加获胜者赢得下一次战斗的机会。

这种现象不仅存在于动物身上，在人类身上也是如此，尤其是当运动员参加体育比赛时。除了小鼠，科学家们也在其他物种上进行了额外实验，结果表明，获胜会提高睾酮水平，促使胜利者在战斗中表现得更有侵略性。

威斯康星大学的生物学教授马修·福克斯加格对赢家效应进行了更详细的研究，他关注的是在经过一系列胜利之后大脑究竟发生了什么变化。他通过在小鼠身上做实验，证明获胜会增加小鼠大脑中睾酮受体的数量，这会对小鼠的行为产生更大的影响。福克斯加格后来还发现了一个有趣的现象，只有当小鼠在自己的领地上获胜时，大脑中睾酮受体的数量才会增加，而在其他小鼠的领地上获胜时则不会增加，这似乎与足球比赛中的主场优势差不多。

后来科学家们在研究药物成瘾机

讲述越南战争的电影《野战排》剧照

制的时候也观察到了类似的现象。越南战争结束后，一些美国医生在退伍军人身上发现了异常。许多士兵在越南期间都使用过海洛因，因此染上了毒瘾。但其中有相当一部分人在返回美国后突然觉得自己不再需要这种药物了，他们比较容易地摆脱了对毒品的依赖，这完全不符合当时科学家们所认为的导致海洛因成瘾的生物机制。士兵们似乎真的把他们的毒瘾抛弃在国外的战场上，或者说毒瘾没能跟着他们一起回到美国本土。

　　加拿大麦克马斯特大学的医学教授斯蒂芬·西格尔通过对大鼠药物成瘾机制的研究，解开了这种地域限制性成瘾现象的谜团。当增加药物剂量时，大鼠和人类一样，也倾向于对药物产生耐受性。西格尔通过特定环境下的大鼠成瘾实验，揭示了一个重大发现。他让大鼠住在有特殊气味、特别颜色的笼子里，然后给大鼠注射海洛因。当它们出现强烈的成瘾症状时，西格尔就会把其中一半大鼠转移到新的环境中，再分别注射同样的大剂量海洛因。结果令人震惊，在新环境中因注射大剂量海洛因致死的大鼠是留在"家乡"的大鼠的两倍。

　　现在我们知道，同样的原理也适用于人类。在相同的环境中不断以相同的方式使用药物的成瘾者，甚至会在他们真正给自己注射药物之前就开始感受到药物的效果。有些成瘾者仅仅想到再次用药的可能性就会产生反应。但这种现象也会导致成瘾者在之后真正使用药物时获得的药效下降，因此他们需要更大的剂量来达到预期的效果。

美国士兵来到遥远的亚洲，在异乡的气候和地理环境下被迫接受和之前完全不同的生活方式，还要面对残酷的战争，在这种特定的情况下，他们使用海洛因并逐渐成瘾。当他们回到美国时，不再需要面对在越南导致成瘾的因素，因此许多人成功摆脱了海洛因成瘾。

球衣颜色的重要性

"主场效应"在体育运动中是一个相当知名的现象，尤其是在足球比赛中。但还有一些更普通的因素，往往也会增加球队获胜的机会，却不太为人所知，也很少有人研究。英国杜伦大学的学者拉塞尔·希尔和罗伯特·巴顿研究了2004年雅典奥运会的比赛结果。他们发现在一些运动项目中，就连运动服的颜色也会对最终结果产生很重要的影响。在拳击和摔跤比赛中有一条规则，选手中必须有一个穿红色衣服，另一个穿蓝色衣服。当希尔和巴顿比较运动员的比赛结果时，他们发现穿红色衣服的选手赢得了62%的比赛。他们在研究足球比赛时也发现了同样的效应。例如在 2004 年的欧洲杯上，穿红色球衣的球队明显成绩更好。

对于这种现象，希尔和巴顿给出的解释很简单——如果我们快速地瞥一眼那些脸色发红的人，我们会本能地认为他们生气了，同时我们会认为脸色苍白的人是在害怕。我们的大脑不用经过太多有意识的思考就会自然地得出这个结论。这种解释似乎不无道理，从我们为了生存必须以命相搏的原始时代开始，这种近乎本能的判断就在我们脑中根深蒂固了。

在一个特定的项目或比赛中，顶尖选手之间在能力方面总是不相伯仲，以至于比赛的结果往往取决于最微小的因素，球衣的颜色就是其中之一。红色代表统治，蓝色代表臣服，这种概念会对运动员产生潜意识的影响。红色球衣会对运动员起到激励作用，鼓舞他们求胜的心气，毫不夸张地说，球衣的颜色可以左右最终的输赢。

精神病院里的假病人

1973 年 1 月，享有盛誉的《科学》杂志刊登了一篇实验报告，当时在斯坦福大学任教的美国心理学家大卫·罗森汉和同事一起完成了一项不同寻常的实验。罗森汉想了解精神病医院的工作人员如何治疗他们的病人，以及医生在进行精神病诊断时的正确率如何。他在这篇题为《精神病院里的正常人》的报告中详细描述了他的实验结果，这篇文章被认为是心理学领域最具影响力的文章之一，因为它引发了一场关于精神病诊断可信度的持久争论。

假装幻听

和罗森汉一起参加实验的还有四名男同事和三名女同事，其中有三名心理学家，一名儿科医生，一名精神科医生，一名画家和一名家庭主妇，他们决定假装成精神病人亲身体验一下被精神病院收治的感觉。为了达到实验目的，他们在美国五个不同的州选择了几家医院，然后直接前往医院办理住院。

在所有的案例中，实验都以相似的方式开始。假病人首先会打电话给医院，预约接受检查。当他们来到医院接待处时，会向工作人员抱怨时不时听到一些奇怪的声音。当工作人员询问具体是什么样的声音时，他们会回答说，这些说话声通常都听不清楚，但有些单词是可以分辨的，经常会听到"无意义"和"空虚"这两个词。这两个特别的词是罗森汉特意挑选的，因为在当时关于幻觉的医学文献中，没有哪种记录在案的幻觉症状会一直强调生活的空虚和无意义。精神病专家的著作中还不包括这些"病人"自诉患有的这种精神病。罗森汉实验小组里的男性听到的是男性的声音，女性听到的是女性的声音，所有人在任何情况下都不能把内心的幻觉和自己熟悉的人联系在一起。

他们的症状是假装出来的，到医院时向工作人员提供的专业、职业和姓名的详细信息也是虚假的，但除了这些以外，他们所说的其他内容全部都是真实的。关于个人病史和其他医疗方面的问题他们都会如实回答。另外，这些假病人一旦住进医院，就会表现得完全正常，再也不会听到脑子里的声音了。他们与病人和工作人员交谈时表现得乐观自信，每个人都遵守了医院给出的所有指示，只是没有服用分给他们的处方药。

一旦确诊精神病，就很难摆脱这个标签

入院后，罗森汉的实验小组有七人被诊断为精神分裂症，出院时被诊断为缓解期精神分裂症。当然，这样的出院诊断并不意味着他们恢复了健康，而仅仅意味着不再病得很重。还有一个人被诊断为躁狂抑郁症。尽管医生把他们当作真正的病人对待，但其他病人很快就发现他们并没有什么真正的毛病。真正的精神病患者会对他们说："你根本没有精神病。你是一名记者或者教授（因为他们经常会记笔记）。你到这来只是为了检查医院的工作。"

在几个案例中，住院的假病人经历了一些焦虑，因为谁也没有想到医院会竭力把他们留下来继续住院。他们中的大多数人以前从未见过精神科医生，所以他们也有点担心谎言会被揭穿并被当成骗子。实验小组成员的另一个任务是尝试让自己出院。为此，假病人必须说服医生相信他们没有任何问题。事实上，除了最开始的时候他们向医院接待处的工作人员自诉幻听的谎言之外，医院没有任何其他理由认定他们

患有精神疾病。然而，罗森汉和同事们很快发现，要想顺利出院离开只有一个办法，那就是他们必须同意医生的诊断，也认为自己患有精神疾病，然后宣布他们感觉好多了，否则医院不会同意办理出院手续。假病人的住院时间为7至52天，平均住院时间为19天。

为了进行研究，他们会尽可能多地记录自己的所见所闻，由于担心这些笔记会被医院工作人员没收，他们每天都会把笔记藏在安全的地方。起初他们以为医院会阻止他们记笔记，所以总是偷偷地记录，但他们发现医院的工作人员对记笔记的行为并没有特别留意，于是开始在公共休息室里公开记笔记。原来在精神病院里记笔记不会被认为有问题，医院工作人员通常会把这种行为理解为某种强迫性精神障碍，导致病人把所有事情都记下来。一旦假病人被贴上精神分裂症患者的标签，即使是他们身上最平常的习惯和最无关紧要的行为也会被认为是潜在的病态。

在整个实验过程中，医院一共向假病人开了2100片药，但所有药片都被他们偷偷扔进了洗手间的马桶里。还有一个令人啼笑皆非的小插曲，有一次假病人去洗手间准备把药片扔掉，却发现马桶里有一些没有冲走的药片，原来真正的精神病患者也会把他们的药片偷偷扔掉。

预料中的假病人

罗森汉的实验小组在研究中观察到，尽管在精神病院住院的病人可能各自患有不同的疾病，但几乎所有病人都会有两种主要的常见症状——无助感和人格解体。工作人员当着病人的面谈论病人的时候，会对他们视而不见，就像他们根本不在房间里一样。例如有一次，尽管有很多男性病人在场，一名女护士却在病房里毫不在意地解开制服的纽扣整理内衣。但这绝不是一种裸露行为，因为护士根本没有把病人看作真正的人，无论是从生理性还是从社会性的角度都没有，所以在他们面前整理内衣也不会感到不舒服。

当美国其他医院的医生听说这个奇怪的实验时，他们很有把握地确信这种事情不会发生在他们的医院里。因此，罗森汉和一家最有声誉的医院商定，准备在接下来的3个月里安排一些假病人去那里住院。这家医院的资深精神科医生们认为他们在识别假冒患者方面肯定没有问题。在接下来的几个月里，医院有意地严格评估了每一个新病人，以甄别是否是假冒的患者。在前来就诊的193名患者中，有41人被认定为假病人，还有42人被怀疑是假病人。

然而这一次医生们再次遭受了打击，因为罗森汉实际上没有让任何人假冒患者前去就诊。

BBC 重复了这个实验

BBC 的热门科学节目《地平线》重复了罗森汉的实验，不过这次志愿者们不是去医院住院。这次实验是作为真人秀节目进行的，有 5 名健康的志愿者和 5 名真正的精神病患者。节目组选择了 5 名典型的精神病患者，他们分别患有五种最常见的精神疾病：双相情感障碍、抑郁症、饮食紊乱症、强迫症和社交恐惧症。所有病人都接受了很长一段时间的治疗，所以他们不会立刻被发现和从未经历过任何心理健康问题的 5 名志愿者有什么不同。

节目组邀请了 3 位资深的精神科医生，他们都是精神疾病方面的专家，他们将对这 10 个人的小组进行为期一周的跟踪调查，任务是通过观察和测试来鉴别精神病患者和健康的志愿者。对于诊断经验丰富的专家来说，这应该不是太难的事情，然而事实很快证明，这个鉴别过程是一项非常苛刻的挑战。3 位专家只能正确地识别出其中 2 名病态特征最明显的患者。

当 3 位专家观察病人清理马厩时，强迫症患者暴露了出来，因为当大家打扫完之后，10 个人中还有 1 人在继续更彻底地清洗马厩。他们还成功识别出了饮食紊乱症患者，因为她在参加评估自己外表的测试中出现了高达 30% 的偏差。专家们在电脑上给出了每个人的照片，这些照片经过了变形处理，病人要按照自己的真实形象来修正照片。大家都比较成功地修正了自己的形象，只有一个人出现了很大的偏差。她曾经是一名饮食紊乱症患者，现在已经康复，过着完全正常的家庭生活，但却未能正确评估自己的外表，她所认为的自己的身体形象比实际胖了1/3。

不幸的是，在其余的诊断上，专家们都失败了。一个患有严重抑郁症的病人竟然被确认为小组中最健康的人。但应该提到的是，在这个节目中，专家们诊断时只能获得小组成员完成测试任务的录像以及问询几个简短问题的机会。事实上，他们只能在非常有限的信息基础上做出决定。哲学家、诗人和普通人都说过同一句话：正常人和疯子常常很难区分。这句话似乎很有道理，而且我们现在还可以说，在精神病院里，病人和医生也常常很难区分。

为什么我们需要隐私

2009年，15岁的美国高中生布莱克·罗宾斯从学校借了一台笔记本电脑，谁也没想到这件普通的小事会引起一场轩然大波。当时没有人告诉罗宾斯学校会通过电脑监视他在家里的行为。只有学校高层管理人员才知道，学生们经常借用的1000多台笔记本电脑都安装了远程监控间谍软件，能够在学生家里拍照，并记录电脑屏幕上的所有东西。

要不是罗宾斯因为被学校怀疑滥用药品，人们可能永远都不会发现学校用笔记本电脑监视学生。2009年11月11日，罗宾斯被叫到副校长办公室，并被告知学校掌握了大量证据证明他有非法行为。罗宾斯看到了几张他从学校借出的笔记本电脑拍下的照片，上面显示他正在吞服类似药片的东西。副校长认为那些都是非法药品，因此罗宾斯违反了法律。罗宾斯解释说自己绝没有滥用药物，照片上那些"药片"其实是糖果，他还详细说出了糖果的品牌名称。然而，副校长并不相信他的话，坚持认为他必须受到惩罚。

消息传开之后，很快就有其他学生报告说，即使他们在家里没有打开从学校借回的电脑，摄像头也总是亮着绿灯，这说明这些电脑的摄像头始终都开着，电脑关机的时候也能拍照。当他们要求学校做出解释时，却被告知这只是一个小小的技术故障，没什么好担心的。然而罗宾斯确信，学校在他们借回家的电脑上安装了远程监控间谍软件，这大大超出了学校的权限，严重侵犯了学生在家庭环境中的隐私权。在父母的帮助下，罗宾斯决定起诉学校。这起臭名昭著的案件的官方名称是"罗宾斯诉劳尔梅里恩学区案"，媒体则称之为"网络摄像头门事件"。

刚开始的时候，学校声称只有在电脑被盗或丢失的情况下才会启动远程监控间谍软件，但这种说法很快被证明是谎言。调查显示，学校对学生私人生活的秘密监视是相当全面的，学校的服务器里保存了数万张远程拍摄到的照片，包括学生以及他们的父母、家人和朋友，其中许多都是私密场景的照片。2010年10月，在面临侵犯学生及其家庭隐私的严重指控后，学校同意支付一大笔赔偿金进行和解。然而，相关的学校负责人却从未受到惩罚，罗宾斯诉劳尔梅里恩学区案最终以民事诉讼的形式结案，没有提起刑事诉讼。

隐私应当是一个无监控的区域

有大量研究表明，当人们认为自己被监视时，他们的行为会有所不同。仅仅是被监视的感觉，就可以让我们本能地开始以更严格的标准来要求自己，并遵循社会规范行事。

事实证明，这种影响往往是对社会有益的。公路上的监控摄像头就是一个很好的例子，当司机知道自己正在被摄像头拍摄时，他们就会更小心地开车，更好地遵守交通规则。

除了社会规范和礼仪的约束之外，我们的自我控制能力也发挥着重要作用。如果我们在公共场合能按照各种成文规定和约定俗成的惯例行事，这说明我们成功地克制了一些直接需求和欲望，这是社会正常运转的先决条件。

然而没有人是完美的，让每个人都满意也是不可能的。隐私能让我们偶尔逃避社会的约束和期望，在家里放松一下而不用考虑其他人的眼光。在私人空间里，我们可以忽略某些社会规范，这其实很有必要，例如对创造力来说，通常在自我控制的束缚松开时它才会浮现出来。因此隐私应当是一个无监控的区域。

隐私对于社会运转的重要性

2014年，特蕾莎·佩顿和西奥多·克莱普尔出版了《大数据时代的隐私：识别威胁、捍卫你的权利、保护你的家庭》一书，这本书使人们更加关注隐私的重要性。佩顿和克莱普尔指出，对于社会的正常运转来说，个人是否有一种区分其公共身份和个人身份的方式非常重要。隐私使人们能够偶尔从来自社会的期望和其他压力中得到放松。

当我们试图理解和讨论一个我们很熟悉的人提出的观点时，通常需要付出一些努力来推翻先入为主的观念。这是因为我们对此人本身会有一些印象，这些印象在我们听这个人说话之前就已经存在了。但当我们面对从不认识、没有任何印象的陌生人时，这种努力就没有必要了，因为我们通常不会有任何先入为主的想法。

这种认知效应在生活中很常见，例如古典音乐家在表演时通常会穿着非常正统的晚礼服。重要的当然不是他们的衣服是否合身，而是这种着装会提醒我们，在他们的表演中，唯一重要的是音乐。音乐家以观众期望的方式出现在舞台上，这样每个人都能专注于音乐。同样，在公开演讲课程中，第一课就是强调着装中规中矩。如果演讲者希望自己的论点被听众接收到，那他的形象就不能分散听众的注意力，使之集中在与演讲内容无关的事情上。

通常来说，一个人的公众形象会被视为这个人的抽象形式，不具备显著的个人特征。人作为一个抽象的、去个性化的个体在社会中发挥作用的能力是现代社会发展的主要成就之一，它构成了当代民主社会大多数制度的基础。

隐私不仅用来隐藏个人公众形象背后的尴尬现实，更是一种必不可少的工具，隐私的存在使公众形象得以建立。如果一个人的生活全部都是公众形象而没有隐私，这显然是违背人性的。在隐私的掩护下，每个人都可以选择公开多少个人信息，也可以选择别人使用这些个人信息的方式。一个人对自己的隐私控制得越少，他选择的空间就越少，就越难以塑造一个中立、抽象的个人形象，而这样的个人信息对现代社会的运转方式来说不可或缺。

故事会

大师相遇之一：爱因斯坦和柏格森

　　1922年4月6日，一位科学伟人和一位哲学巨匠在巴黎会面，他们是阿尔伯特·爱因斯坦和亨利·柏格森。在法国哲学学会组织的一场学术活动中，两人进行了面对面的交锋。

　　亨利·柏格森在当时是一位享誉国际的学术明星，一些

爱因斯坦与柏格森

政府高层官员和社会名流都与他交往甚密，他的著作拥有广泛的读者，他的讲座总是座无虚席。一些同时代的人认为柏格森可以比肩那些历史上最伟大的思想家。

阿尔伯特·爱因斯坦也被尊为科学伟人，他的狭义相对论和广义相对论令无数人着迷，尤其在天文学家证实确实可以在空间中观察到他预测的那些现象之后。

爱因斯坦和柏格森不仅是两位学术天才，也是当时最著名的人物，他们的相遇自然吸引了所有人的关注。这次会面不仅是一个爆炸性新闻，也是一场非常严肃的学术交锋，对他们各自的学术生涯都产生了直接影响。

爱因斯坦反驳柏格森

在这场学术活动中，爱因斯坦和柏格森互相都对对方的理论提出了责难。当爱因斯坦回答柏格森提出的哲学问题时，他一直很冷静，声称自己并不是太懂哲学。但当柏格森开始谈到物理学时，爱因斯坦的态度就发生了变化。柏格森先是简要地评论了相对论的哲学含义，然后着重强调了相对论主要与物理有关，也就是说相对论处理的是物理学意义上的时间，而不是一般意义上的时间。

柏格森结束这段时间较长的演讲之后，爱因斯坦做出了具有挑衅意味的回应，他这样说道："在我看来，根本不存在哲学家所指的时间。"考虑到这次活动的背景，这是一个相当大胆的陈述，因为在座的听众大部分都是哲学家，都是一个历史悠久而且值得尊敬的哲学学会的成员。

爱因斯坦的意思就是关于时间的哲学理念只是一种文字游戏而已。他明确表示自己只承认两个时间概念：物理意义上的时间和心理意义上的时间。物理时间是用时间单位来衡量的，例如地球自转一圈就是24小时；心理时间只是一种持续的感觉，在不同的情况下会有不同的感觉。

柏格森当然不同意"哲学意义上的时间不存在"这个观点。爱因斯坦的评论等于是将柏格森一直捍卫的信仰彻底否定了，而柏格森在这个主题上还出版了许多广受好评的著作。他也针锋相对地对爱因斯坦的说法做出了回应："您所说的是形而上学的说法，而不是科学的说法。"换句话说，他认为爱因斯坦的理论毫无科学根据。这两位伟大思想家的辩论其实很有趣，尽管他们在言辞上都很委婉圆滑，但本质上都认为对方的想法是胡说八道。

爱因斯坦认为柏格森根本不懂物理，但柏格森拒绝接受这一点。另一方面，柏格森声称爱因斯坦完全不理解他自己的理论的哲学含义。这次交锋之后，爱因斯坦和柏格森又见过几次面，还互致书信，但他们再也没有公开辩论过。

为什么爱因斯坦这样说

为什么爱因斯坦会说出"根本不存在哲学家所指的时间"这种如此冒犯的话呢？而且就在片刻之前，他还声称自己并不是太懂哲学。

爱因斯坦当时其实是在反对别人对他的研究的错误解释，柏格森明显认为他的相对论只是一个数学结构，而不是一种实际现象的表征。几个世纪前，当尼古拉·哥白尼提出宇宙模型时，人们最初的反应也是类似的态度。当时的保守知识分子试图将哥白尼的天文理论定性为纯粹的数学工具，他们认为这只是一种可以更简单地计算行星运动的方法，但完全不能解释宇宙中物体的实际运动。

事实证明，爱因斯坦为自己做的辩护是正确的。法国哲学学会会议上的交锋发生几个月后，爱因斯坦被授予诺贝尔奖。然而，组委会宣布的官方获奖理由是爱因斯坦发现了光电效应，尽管相对论才是众望所归，但他并没有因为这项最重要的科学成就而获奖。其中一个原因就是爱因斯坦和柏格森关于时间本质的公开争论。组委会声明相对论仍然存在争议，截至目前一直是哲学家们激烈争论的焦点，而著名的哲学家柏格森甚至完全否定了这一理论，因此以发现光电效应的成就授予爱因斯坦诺贝尔奖更恰当，也更没有争议。

柏格森坚持认为，在我们能够测量时间之前，我们必须对时间多少有一些基本认识。他声称，即使没有手表，时间也是客观存在的，因为无论我们是否测量时间，都会直观地感觉到时间的存在。因此，他把自己对时间的哲学认识描述为一种不可改变的存在，完全不接受爱因斯坦在相对论中描述的时间可变。爱因斯坦和其他科学家得出的结论是柏格森根本不懂物理。

什么是科学，什么是哲学

要理解爱因斯坦和柏格森关于时间本质的争论，我们首先需要解释科学和哲学的区别。其实这个更大的问题就隐藏在这场争论的幕后，但两位伟大的思想家从未直接处理过这个问题。

按照简单的定义，科学可以被理解为一种寻找宇宙结构和机制的真相的方法。它的目标是发现宇宙究竟是如何运转的。要确定一种科学理论是否正确，就必须进行实验和观察，以验证该理论是否符合现实世界中发生的情况。原则上，这是通过预测一系列事件，然后观察实际发生的事件是否完全符合预测来实现的。

然而哲学与科学很不一样，哲学并不是一门专注于揭示世界真实面貌的学科。哲学研究的是概念，但它的目标并不是揭示概念的真相，而是以一种非常精确的方式来定义它们，确保它们不会相互矛盾和混淆。如果一个概念所包含的内容不存在两难推理，那这个概念就是清晰的。因此，哲学的意义在于检验一系列概念，检验概念的含义是否被准确定义，以及概念的目的是否完全达到。如果一个概念开始变得模糊，或者仅仅由感觉支撑，那它就必须从哲学的角度加以分析。

问题是，一个哲学家既不能通过写满定义的古典哲学著作来证明每个概念，也不能通过实验来揭示每个概念的内容。事实上，哲学无法利用任何外部的参考来支持它的分析，哲学只能考虑概念的实际使用方式，并试图从这些方式中发现和创建某种秩序。这才是爱因斯坦和柏格森之间分歧的根本所在。

大师相遇之二：爱因斯坦和弗洛伊德

他们只见过一面。1927年新年假期期间，阿尔伯特·爱因斯坦邀请当时正好也在柏林的西格蒙得·弗洛伊德来家里做客。当时这两位伟大的科学家在各自的领域都是活着的传奇。年近五十的爱因斯坦被公众视为20世纪初以来科学探索的象征，正是这个时期的科学发现使人们认识到大自然超乎想象的神秘和不同寻常。同样，七十多岁的弗洛伊德也被认为是人文社科领域的权威代表，即使是那些不同意他的开创性理论的人，也在使用他新发明的专业术语。

两人会面几周后，一位朋友问爱因斯坦是否会考虑接受精神分析，爱因斯坦回答说："我很遗憾不能答应你的请求，因为我非常希望继续保持没有被分析的模糊状态。"弗洛伊德在谈到这次会面时对这位伟大的物理学家同样也有所保留，他在给朋友的信中这样写道："他对心理学的了解和我对物理学的了解一样多，所以我们的谈话非常愉快。"

尽管乍看之下这两位科学巨匠各自的革命性思想可以说是风马牛不相及，但他们身上至少还有一个共同点，那就是在各自时代的思想中都具有重大意义，两人在这一点上不相上下。

爱因斯坦弯曲了时间和空间

爱因斯坦的相对论完全颠覆了几个世纪以来人们对自然、空间、时间、物质和能量的认识。一直以来，人类的科学认为时间和空间为事件的发生提供了一个外部框架，然而爱因斯坦革命性的理论却为这些概念赋予了完全不同的意义。在以前，人们认为宇宙中发生的事件对时间的进程和空间的性质不会产生任何影响，即使在宇宙的某个地方发生了很不寻常的事情，时间和空间也不会受到影响。时间被认为是不受阻碍和干扰的，始终处于一种稳定的流动之中。

在爱因斯坦提出革命性的相对论之后，时间和空间不再被认为只是事件发生的被动背景，而是变得有响应性——改变和适应宇宙中发生的一切。用更专业的术语来表达，就是时间和空间会根据物质和能量的分布而弯曲。如果能量非常密集地集中在一个地方，时间和空间就会弯曲，在极端情况下甚至会"撕裂"。当这种情况发生时，就会产生黑洞。

爱因斯坦的相对论带来的科学革命的核心实际上是一种观念的转变。在以前，人们设想时间和空间只是可以测量和描述的事件的外部参数，并不会受到任何事件的干扰，现在人们认识到时间和空间实际上会受到这些现象的影响。我们现在不再认为时间和空间是不受阻碍和干扰的，而是会通过弯曲或变换形式来回应发生的事件。爱因斯坦的主要成就是用数学方程描述了时间和空间的弯曲，这些数学方程可以预测弯曲，例如，当一束来自遥远恒星的光线经过太阳时，它会改变运动方向。太阳使其临近的空间发生弯曲，这意味着光在这些空间里不再会完全沿直线传播，而是只能在弯曲空间允许的范围内沿直线传播。

如同汽车在崎岖不平的道路上不可能沿着一条直线行驶一样，光在弯曲的时空里也不可能按照标准的直线传播。太阳会破坏周围时空的连续性，产生明显的时空弯曲。这意味着光在经过这样的空间时会轻微地偏离轨道。根据这一事实，爱因斯坦设想，在日食期间会观测到恒星发出的光偏离轨道导致恒星看起来在移动的现象，用他的方程式可以计算出光偏离的程度。

根据广义相对论，恒星发出的光经过太阳时会轻微地偏离轨道，因为它们会被太阳的引力场弯曲。这种位移效应只有在日食过程中才能被观测到，否则恒星会因为太阳的亮度而变得模糊不清。1919年，亚瑟·爱丁顿第一次证实了爱因斯坦的这个理论，他在一次日食中精确地观察到了恒星的这种现象。爱丁顿当时在非洲西海岸的一个小岛上观测到的恒星位移完美地证实了爱因斯坦的设想，也使爱因斯坦成了举世瞩目的科学巨匠。

弗洛伊德和精神空间的弯曲

深入研究人类心灵的潜意识结构和计算物质宇宙中时间和空间的弯曲，还有什么事情比这两位科学家的研究领域更风马牛不相及的吗？然而其中也有相似之处，爱因斯坦的伟大在于意识到事件会改变时空的结构，弗洛伊德的伟大则在于意识到经验会改变意识的结构。对人类思想和行为上的异常现象的观察和研究使弗洛伊德成为著名的科学家，而这些异常现象在科学上直到现在仍然是一个十分模糊的领域，人们要么置之不理，要么视为迷信。令人不安的梦、奇怪的失语、难以理解的联想以及对正常观点的反常反应，这些现象在以前都被视为无关紧要的轻微精神紊乱，然而对弗洛伊德来说，这些现象正是认识精神的整个维度和许多精神疾病的关键。就像爱因斯坦认识到物体质量所产生的看不见的时空弯曲会使光的轨道弯曲一样，弗洛伊德也观察到隐藏在心灵深处的异常现象会使人类的思想和表达扭曲和转移。梦、失语以及奇怪的联想和反应实际上都是因为精神空间弯曲而变得扭曲的事物的外在表现。弗洛伊德认为，这种精神空间的弯曲表明人类心灵深处实际上存在一个不可见的隐藏区域——"无意识"。

尽管两位科学巨匠的研究存在相似之处，但弗洛伊德面临的问题其实在某种程度上与爱因斯坦正好相反。爱因斯坦需要证明的由质量和能量产生的时空曲率可以说是一种物质世界的客观存在，然而，弗洛伊德需要揭示的是病人的精神空间中导致异常现象产生的重大事件，这显然不属于物质世界的层面。换句话说，弗洛伊德可以看到异常现象的表现，但他无法看到导致异常现象产生的无意识。换句话说，他可以看到光的弯曲，但无法看到导致这一现象产生的太阳。为了揭示这些精神上的扭曲，他发展出一套开创性的方法——精神分析。精神分析不仅仅为医生带来观察的能力，对于那些因为精神空间扭曲而承受痛苦的病人来说，精神分析可以用来修改他们的精神空间布局。

弗洛伊德发现，精神空间扭曲和常常会造成创伤的巨大情感力量的体验有关，这些体验在意识层面的记忆中被抑制，但在无意识的层面上仍然活跃。病人表现出的痛苦、逃避或者其他异常的行为和语言揭示出他们的精神空间里存在这些体验。精神分析的目的是通过分析者和病人之间的语言交流，从病人表现出的异常现象追踪导致这些现象产生的无意识层面的原因。弗洛伊德的理论是，当一个人将被抑制的记忆暴露出来，或者意识到令人不安的梦隐藏的含义时，他内心的困扰就会得到解决。即使精神分析没能修复病人精神空间的扭曲，至少他也可以理解自己内心的困扰为什么会存在。

1895 年 7 月，弗洛伊德自己做了一个梦，这个梦的意义至关重要，他在这个梦的基础上形成了关于梦和无意识的本质的重要假设。他梦见了一个名叫艾尔玛的小女孩，她是他当时正在治疗的病人。这个梦本身相当复杂，弗洛伊德在他的著作中对其进行了详细的描述。梦里的故事是这样的：他在一个很大的舞厅里遇见了艾尔玛。当其他客人到达时，他和艾尔玛交谈，了解到她的喉咙和胃很不舒服。作为她的医生，弗洛伊德担心艾尔玛可能是身体生病了，而不是精神有问题。进一步了解之后，弗洛伊德发现他的一位医生朋友奥托给艾尔玛注射的时候使她受到了感染，这才是她健康出现问题的真正原因。

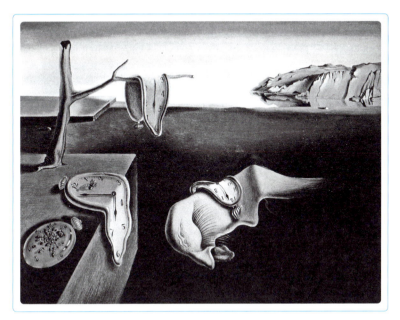

名画《记忆的永恒》，达利受弗洛伊德理论启发而作

后来弗洛伊德用自由联想的精神分析方法揭示了这个梦的潜在含义。他想起自己一天前见过儿科医生奥斯卡·里耶，他也是艾尔玛的医生。里耶告诉弗洛伊德，艾尔玛正在好转，但还没有完全康复。弗洛伊德把这些话当作是对自己治疗工作的批评，他倾向于认为是里耶的治疗不得当，而不是自己的治疗有问题。弗洛伊德随即抑制了自己职业自尊心受到伤害的感觉。

弗洛伊德后来把自己的治疗方法发展成精神分析，这种方法总是试图在分析者和病人之间形成紧密的纽带。在艾尔玛的事情上，当弗洛伊德还没有意识到这种纽带的力量时，里耶的评论激起了弗洛伊德不欲人知的强烈情感。这些感觉隐藏在弗洛伊德的潜意识里，他不愿意承认自己对病人和病情过于敏感，而是在梦中表达出这种敏感。在梦里，里耶变成了奥托，艾尔玛的精神疾病变成了身体疾病，而原因就是奥托的注射有问题。通过这样的梦，弗洛伊德将自己的失败感和负罪感归咎于奥托（其实是里耶）。当弗洛伊德用自由联想来分析这个梦在他脑海中留下的令人不安的扭曲时，他立刻意识到这个梦在某种程度上其实是自己对里耶所做的恼人评论的一种报复。他发现这种扭曲的原因隐藏在无意识里：他作为医生不能治愈艾尔玛的疾病引发了强烈的焦虑感，所以把这种负罪感转移到了另一个人身上，在这个梦的例子中，这个人就是那个似乎批评过他的同事。

将爱因斯坦的时空理论和弗洛伊德的无意识理论相提并论固然是一种宽泛的类比，但对于弗洛伊德里程碑式的发现来说，这不失为一种实在的评价。即使在一个世纪之后，公众对弗洛伊德研究的解读仍然是拙劣的，因此误导性的观点非常普遍。

作为一名医生和神经学家，弗洛伊德在自然科学方面有着深厚的背景，他深入思考了自己在心理学上的研究与其他科研领域之间可能存在的类比。在一部主要为同行编写的技术性较强的著作中，他这样写道："精神分析学家知道自己在和炸药一样的爆炸性力量打交道，必须像化学家一样小心翼翼。"

哲学家如何帮助科学家获得诺贝尔奖

  第二次世界大战之前几年，20世纪哲学界的重要人物卡尔·波普尔不得不逃离欧洲，以躲避日益疯狂的纳粹主义。他前往新西兰的克赖斯特彻奇并安顿下来，坎特伯雷大学学院邀请他去授课。他在新西兰经常与许多同样为了寻求庇护、躲避战争恐怖而来到这里的移民交往。1944年，在一次由欧洲移民组织的会议上，波普尔遇到了也在新西兰授课的澳大利亚神经生理学家约翰·埃克尔斯。正是因为两人的相遇，埃克尔斯后来获得了诺贝尔奖。波普尔和埃克尔斯建立了深厚的长期友谊，并在几十年后合著了一本关于人类大脑功能的著作。

  二战快结束时，埃克尔斯邀请波普尔前往澳大利亚做了一系列哲学讲座。波普尔在讲座上阐述了自己关于科学的真正本质和科学方法的新理论。尽管战争的阴云还未散去，但波普尔在澳大利亚的学术演讲还是取得了巨大的成功，学术界关于科学方法的辩论由来已久，而波普尔的新理论令所有人都耳目一新。

这些讲座对埃克尔斯后来的学术生涯产生了非常重要的影响。波普尔关于科学方法本质的理论引导埃克尔斯发展出了一种与传统截然不同的神经学研究方法。他不再试图通过实验明确地证明他的假设，并以此来说服怀疑论者，而是决定专注于寻找可以反驳自己理论的实验。埃克尔斯后来在神经系统机制方面取得了杰出成就，赢得了1963年的诺贝尔奖，而他的研究主要是利用了波普尔的科学方法。

波普尔的理论颠覆了关于科学原理的主流学说。在波普尔之前，科学理论家关注的焦点通常是确定人们如何才能知道一项科学发现是否正确，他们试图发现科学方法与其他揭示真相的方法之间的区别，以及科学方法是否真的更可靠。

波普尔坚决反对这种轻率的解释，他认为科学方法的意义不只是消除各种分散注意力的偏见，以及扫清在揭示真相之路上的其他障碍。他指出，科学方法并不完全依赖严格的合理化，或试图摒除任何有可能渗入我们对世界的认知的潜在曲解。对波普尔来说，虽然感官的错觉可能会阻碍一个正确理论的发展，但科学不应该仅仅是一套清除感官错觉的流程。

一个假设只有在有可能不是正确的情况下才能被认为是科学的，这就是波普尔新理论的出发点。如果一个假设一定是正确的，而且不能被认为是错误的，那它就不是一个科学的假设。科学只涉及那些本质上有可能被证伪的假设和理论。

在波普尔看来，科学方法的真正目的不是证明一个假设是正确的，而是试图在自然界中找到尽可能多的实际上可能会证明这个假设错误的例子。一个假设经过的验证越多，它就越可靠。

诺贝尔奖得主、著名物理学家理查德·费曼曾这样总结这种理解科学方法的方式："我们正在努力尽快证明自己是错误的，因为只有这样，我们才能获得进步。"

在神经学领域，埃克尔斯最关注的是信息在神经元之间传递的机制。在这个问题上，学术界对电传递和化学传递这两种观点争论不休，两种观点都有许多支持者，他们都试图证明自己才是正确的。如果信息在神经元之间的传递是化学性质的，那么这个过程必然是由若干化合物操纵的，当时有一些研究小组正在努力证明这一假设。与此同时，电突触理论认为这个过程是在脑细胞之间以生物电的形式完成的，而化学过程太慢，信息无法以足够的速度和效率在神经系统中传递。因此，这些科学家也在努力寻找一种方法来测量电信号在脑细胞之间的传播方式。

　　埃克尔斯一开始就倾向于电突触理论，当他了解到波普尔的科学方法理论时，他立即决定在自己的研究中应用这一新理论。他开始系统地寻找方法，通过尽可能多的不同实验，来验证他关于信息如何以生物电的形式通过神经系统传递的假设。这个故事最精彩的地方就在于矛盾和转折，埃克尔斯经过许多年细致的研究和实验，最终发现人脑电传递的假设其实是错误的。信息从人脑中的一个神经元传递到另一个神经元不是电过程，而是化学过程。正是因为这些推翻了他最初支持的假设的研究，埃克尔斯获得了诺贝尔奖。

令人钦佩的思想＋令人畏惧的思想

　　1676年11月，当时欧洲最有影响力的两位思想家在海牙进行了一次秘密会晤。30岁的戈特弗里德·威廉·莱布尼茨被认为是欧洲科学和哲学界一颗冉冉升起的新星。他在独立于艾萨克·牛顿的基础上提出的微积分成为现代数学的基石。莱布尼茨的正式工作是外交官和法院委员，他将空闲时间用于撰写哲学、数学和科学方面的论文，完成了许多伟大的著作。

　　在海牙，莱布尼茨拜访了比他年长十多岁的著名哲学家和科学家斯宾诺莎。在当时，斯宾诺莎被视为欧洲最危险的思想家，尽管他并不是一个真正的无神论者，或者更确切地说，他只是对上帝的定义极不传统，但他还是被公开贴上"无神论犹太人"的标签。由于他的异端思想不为世所容，尤其是遭到犹太教会的驱逐后，他不得不搬出犹太社区，白天靠打磨镜片勉强谋生，晚上写他的哲学论文。即使这样窘迫，他仍然被视为社会、宗教和道德根基的破坏者——至少在他众多的批评者看来是这样的。

莱布尼茨也很难不顾及当时的社会舆论，甚至还公开谴责过斯宾诺莎的著作，所以他极力不让别人知道他与斯宾诺莎的会面。他害怕与这个声名狼藉的异教徒交往会损害他作为朝臣和知识分子的职业生涯。当后来有人问到这个问题时，莱布尼茨坚持否认自己有意与斯宾诺莎会面，他们完全是在城里偶然相遇的，而且交谈时间也很短，不超过几个小时，至于他们的谈话，不过是礼貌地谈论些时事罢了。但事实完全相反，莱布尼茨前往海牙的唯一目的就是会见斯宾诺莎。他在城里待了三天，和这个被认为是思想令人畏惧的异教徒进行了多次长谈。有一段关于他们谈话的简短记录留存了下来，这段话由莱布尼茨写下并朗读给斯宾诺莎听，内容据说是"上帝存在的证据"。

为什么"朝臣和异端"会相遇

马修·斯图尔特出版了一本很有意思的书——《朝臣和异端：莱布尼茨、斯宾诺莎和上帝在当今世界的命运》，书中精彩地描绘了两位伟大的思想家在17世纪的那场相遇。除了全面讲述了莱布尼茨和斯宾诺莎的生活和工作之外，斯图尔特还解释了莱布尼茨最初想见斯宾诺莎的原因。

莱布尼茨当时已经声名鹊起，不仅被誉为17世纪的亚里士多德，还被戏称为"一个人的情报机构"，他不仅对全面了解当时欧洲的政治形势十分感兴趣，还对知识界的所有事情都很好奇。尽管斯宾诺莎的思想具有异端性质，但他还是以其独创性和有影响力的想法而闻名。在前往海牙与斯宾诺莎见面之前几年，1671年10月3日，莱布尼茨给斯宾诺莎写了第一封信，他谈到了斯宾诺莎关于透镜的专业知识，并提了几个光学方面的问题，但他在信中明确表示，他希望通信是关于哲学的内容。

斯宾诺莎在当时绝对不乏颇具影响力的笔友，例如英国皇家学会秘书、世界上第一份科学期刊的创始人亨利·奥尔登堡。1661年，奥尔登堡在荷兰逗留时了解到附近住着一位29岁的天才哲学家，他的作品还没有发表，但他的思想令人震撼。奥尔登堡决定去拜访他，他们在斯宾诺莎家门前的花园里见面，谈了几个小时，随后两人经常通信。

一个弃儿中的弃儿

斯宾诺莎是西班牙犹太人的后裔，为了躲避西班牙宗教裁判所的迫害，他举家逃往荷兰。荷兰地方政府并没有排斥他们，但有一个条件，那就是他们不能传播异端思想，不能惹来任何麻烦。

结果这个非正式的协议给这位年轻的哲学家带来了一个大问题。斯宾诺莎非常支持之前由笛卡儿新建立的严格理性的哲学方法。当斯宾诺莎为有悖道德的观点辩护的流言开始传播时，他遭到了一群犹太领导人的责难，他们警告他必须公开撤销自己的言论，否则将面临严重后果。

斯宾诺莎拒绝与犹太族长合作，于是他们威胁以逐出教会来惩罚他。1656年，斯宾诺莎被犹太教会正式驱逐，这标志着他人生的一个重要转折点，他不再属于犹太社区，但反过来却成了属于全世界的自由公民。逐出教会是犹太教最严厉的惩罚，意味着任何犹太社区的成员，包括他的家人，都不允许与他有任何接触，对所有犹太人来说，他就像死了一样。如果其他犹太人和他见面或交谈，也会面临同样的惩罚。斯宾诺莎就这样被强制隔离了20年，至少在他的犹太家人和朋友看来是这样。但这并没能阻止他进一步发展他离经叛道的思想。

斯宾诺莎在与莱布尼茨会面几个月后就去世了，年仅45岁。据说由于他长期打磨镜片，吸入了过多的玻璃粉尘，导致了肺部疾病，所以才过早死亡。

激进的启蒙运动

《伦理学》是斯宾诺莎最著名的著作，他在书中以公理、定理和推导的形式描述了他的世界观，这本书直到他死后才出版。斯宾诺莎对《圣经》以及其他宗教和政治理论的分析在他的一生中更具争议性，他的另一部重要著作《神学政治论》主要谈论这方面的内容。

斯宾诺莎在《神学政治论》中指出，《圣经》不应该按照字面解释为上帝的话语，而应该被理解为一部人类的著作。他令人信服地证明，《圣经》中包含的真理不是科学事实，而是一系列道德寓言，旨在指导我们应该如何生活，而不是解释世界的本来面目。

这种解释在今天被广泛认可，但在斯宾诺莎的时代，这完全是革命性、颠覆性的思想，因此是高度危险的，也使人感到畏惧。斯宾诺莎的激进主义不仅体现在他对宗教和当时以宗教为基础建立世俗权力的统治性意识形态的批判，还体现在他对理性思维的努力推动上。

斯宾诺莎认为，所有人都平等地享有随意运用理性的自由。我们都有思考的能力，而思考是我们普遍的权利。人类的习俗、价值观、语言、教养和其他文化特征都与其所属的特定成长环境和文化传统有关，因此不是普遍的。然而，每个人都同样拥有运用理性思维的能力，唯一的区别是有些人会比其他人更频繁地使用它。

所有人都有运用理性的能力，从而成为社会中平等的一员，这是启蒙运动最关键的原则。一些历史学家认为斯宾诺莎是这场历史运动最激进版本的源头。启蒙运动坚定的步伐和开明专制主义最终孕育了民主国家的现代概念，在这个概念中，所有人都有权享有普遍的人权、思想自由和宗教信仰自由。

随着越来越多的人接受公开辩论的原则，激进的平等主义概念迅速成为科学界的基础，科学界的风气焕然一新，辩论的内容变得比辩论者的身份更重要。任何愿意以理性方式交流思想的人都可以贡献他们的想法，这些想法将由科学界进行评估。不幸的是，启蒙运动的原则在政治和更广泛的社会领域中并不像在科学中那样奏效。导致这种遗憾的一个重要原因是尽管所有人都能够运用他们的理性，并根据相关分析做出决定，但人们在实践中却做得还不够。人们往往会下意识地被各自所处的文化环境的习惯、信仰和价值观所引导，因此难以避免分歧。对任何人来说，要随时克服这些主观影响并对周围的一切进行合理的分析不仅非常困难，实际上也做不到。